■ 华中地区生物资源系列丛书

湖北赤壁市
湿地鸟类图鉴

主　编　覃　瑞　刘　虹　方高松

副主编　兰德庆　洪　波　艾廷阳

编　委　（按姓氏笔画排序）

万佳玮　马义谙　田丹丹　兰进茂　向妮艳

刘　娇　江雄波　杜志宝　李　刚　杨天戈

余光辉　陈　雁　陈喜棠　罗　琳　郑　敏

项艳阶　祝文龙　夏　婧　覃永华　舒　实

詹　鹏　蔡贤壁　熊海容

华中科技大学出版社
http://press.hust.edu.cn
中国·武汉

内容简介

　　赤壁市位于湖北省东南部，湿地资源非常丰富，最具代表性的有陆水湖、黄盖湖、西凉湖三处大型湖泊湿地。湿地是自然界中最富生物多样性的生态系统和人类最重要的生存环境之一，赤壁市湿地生境类型众多，为湿生、水生生物物种提供了丰富的栖息生境。在野外科学考察的基础上，本书收录了赤壁市湿地鸟类 16 目 35 科 90 种。目、科、属分类采用《中国动物志》分类系统，每一种鸟类均配以彩色照片，所有图片均为作者拍摄。我们力求使本书成为一部融科学、实用、艺术欣赏于一体的参考资料。

湖北赤壁市湿地鸟类图鉴　　　　　　覃瑞　刘虹　方高松　主编
Hubei Chibi Shi Shidi Niaolei Tujian

图书在版编目（CIP）数据

湖北赤壁市湿地鸟类图鉴 / 覃瑞，刘虹，方高松主编 . —武汉：华中科技大学出版社，2024.4

ISBN 978-7-5772-0768-1

Ⅰ . ①湖… Ⅱ . ①覃… ②刘… ③方… Ⅲ . ①沼泽化地－鸟类－赤壁市－图集 Ⅳ . ① Q959.708-64

中国国家版本馆 CIP 数据核字 (2024) 第 098329 号

策划编辑：罗　伟	
责任编辑：罗　伟	封面设计：廖亚萍
责任校对：朱　霞	责任监印：周治超

出版发行：华中科技大学出版社（中国·武汉）　　电话：（027）81321913
　　　　　武汉市东湖新技术开发区华工科技园　　邮编：430223

录　排：华中科技大学惠友文印中心
印　刷：湖北金港彩印有限公司
开　本：880 mm × 1230 mm　1/12
印　张：17.666
字　数：325 千字
版　次：2024 年 4 月第 1 版第 1 次印刷
定　价：158.00 元

前言

湿地生态系统被誉为"地球之肾"，具有涵养水源、调节气候、净化水体等多种环境调节功能，生态效益显著。湿地与人类的生存、繁衍、发展息息相关，是人类发展和社会进步的环境及物质基础，湿地生态系统的稳定和健康是区域生态安全与经济可持续发展的重要保障。

赤壁市地处湖北省东南部，湿地资源十分丰富，全市共有大小河流23条，全长约327公里，水域面积约277平方公里。赤壁市位于长江中游的南岸，湿地分布广泛，面积大，大小湖泊星列于辖区内，最具代表性的三个湖泊为黄盖湖、西凉湖和陆水湖。其中黄盖湖是典型季节性湖泊湿地，它是洞庭湖和长江之间的通江型重要天然湖泊，湿地生物多样性丰富，尤以鸟类突出，枯水期滩涂裸露，为冬候鸟提供了重要的越冬场所，据统计，每年飞抵黄盖湖湿地的冬候鸟多达上万只。

2022年初，为了更好地保护赤壁市的湿地及其周边的生态环境，保护水源区水质，加强生态文明建设，湖北赤壁市陆水湖国家湿地公园管理处委托中南民族大学和湖北生态工程职业技术学院，对以黄盖湖为主的湿地的自然地理、动物资源（特别是鸟类资源）、植物资源、景观文化等展开了综合科学考察。本次考察，共记录到赤壁市湿地有国家一级重点保护野生动物3种，为白鹤、黑鹳和东方白鹳，有国家二级重点保护野生动物14种，

为小天鹅、白琵鹭等。本书对赤壁市湿地具典型性、代表性的90种鸟类进行了简要介绍并辅以鸟类个体照片，以期为后续赤壁市湿地保护提供基础资料。

本书在编写过程中，得到了赤壁市陆水湖国家湿地公园管理处的大力支持，在此一并感谢！由于编者学识水平有限，少数内容可能会出现疏误，敬请广大读者予以批评指正。

编　者

目录

一、鸡形目

雉科 Phasianidae　竹鸡属 *Bambusicola*

1　灰胸竹鸡 *Bambusicola thoracicus*

形态特征：体长 27 ～ 32 厘米。头顶冠常为棕色，具银灰色眉纹，脸及肋部羽绒被红色，至胸部上半部转变成银色，尾部红色。雄性成鸟额与眉纹均灰，有时额不灰，而与头顶同色；眉纹粗大，向后延至上背；头顶与后颈暗橄榄褐色，有些标本头顶杂以棕点。雌性成鸟羽色与雄鸟相似，但稍小。跗蹠无距。

生态习性：常成群活动，群由数只至 20 多只组成，冬季结群较大，繁殖季节则分散活动。每群有固定的活动区域，取食地和栖息地较固定，领域性较强。通常在天一亮即开始活动，一直到黄昏。晚上栖于竹林或树上，常成群在一起栖息。主要以植物幼芽、嫩枝、嫩叶、果实，杂草种子、谷粒、小麦、豆类等植物和农作物种子为食，也吃蛾类幼虫、步行虫、瓢甲、小马陆、蝗虫、蝗螅、蚂蚁等昆虫和其他无脊椎动物。

居 留 型：留鸟。

地理分布：赤壁市内湿地周边广泛分布。

繁 殖 期：3 ～ 7 月。

保护状况：被列入《有重要生态、科学、社会价值的陆生野生动物名录》。

稀有指数：★

雉科 Phasianidae　鹌鹑属 *Coturnix*

2　鹌鹑 *Coturnix japonica*

形态特征： 小型鹑类，体长 14~20 厘米，体重 55~110 克，大小如雏鸡，头小尾秃；嘴短小，黑褐色；虹膜栗褐色；头顶黑而具栗色细斑，中央纵贯棕白色冠纹，两侧亦有同色纵纹，白嘴基越眼而达颈侧；额头侧及颊、喉等均为淡砖红色。

生态习性： 生活在干燥而近水的地区。常在高地或小山脚下，亦在杂草丛生的水边、沼泽边缘的草地上；有时在稀疏的林间空地、开旷的草地或在农田。可短距离飞行。主要吃植物性食物，如草籽、豆类、谷粒、浆果、幼芽和嫩叶等，有时亦吃昆虫，如鳞翅目的幼虫或蛴螬。夏季大都食昆虫和其他无脊椎动物。

居 留 型： 留鸟。

地理分布： 赤壁市内各水域湿地、稻田等常见。

繁 殖 期： 5 ～ 7 月。

保护状况： 被列入《有重要生态、科学、社会价值的陆生野生动物名录》。

稀有指数： ★

环颈雉（雌）

雉科 Phasianidae　雉属 *Phasianus*

3　环颈雉 *Phasianus colchicus*

形态特征：体长 50 ～ 70 厘米。雄鸟头部具黑色光泽，有显眼的耳羽簇，宽大的眼周裸皮鲜红色。雌鸟：色暗淡，周身密布浅褐色斑纹。虹膜呈黄色；嘴为角质色；脚略灰。

生态习性：栖息于草丛、芦苇丛或灌丛中地上。以谷类、浆果、种子和昆虫为食。

居 留 型：留鸟。

地理分布：广泛分布于赤壁市陆水湖、黄盖湖、西凉湖周边低山丘陵的灌丛、竹丛或草丛。

繁 殖 期：3 ～ 7 月。

保护状况：被列入《有重要生态、科学、社会价值的陆生野生动物名录》。

稀有指数：★

环颈雉（雄）

二、雁形目

鸭科 Anatidae 雁属 *Anser*

4 鸿雁 *Anser cygnoides*

形态特征：体长 80 ～ 94 厘米。嘴黑且长与前额成一直线，一道狭窄白线环绕嘴基。上体灰褐色但羽缘皮黄色。前颈白，头顶及颈背红褐色，前颈与后颈有一道明显界线。腿粉红，臀部近白，飞羽黑。虹膜呈褐色，嘴为黑色，脚为深橘黄色。

生态习性：常栖息于开阔平原和平原草地上的湖泊、水塘、河流、沼泽及其附近地区，特别是平原上湖泊附近水生植物茂密的地方，有时亦出现在山地平原和河谷地区。冬季则多栖息在大的湖泊、水库、海滨、河口和海湾及其附近草地和农田。主要以各种草本植物的叶、芽，包括陆生植物和水生植物（如芦苇、藻类）等植物性食物为食。

居 留 型：冬候鸟。

地理分布：赤壁市黄盖湖、西凉湖以及黄盖湖周边小湖泊均有分布。

繁 殖 期：4 ～ 6 月。

保护状况：国家二级重点保护野生动物。

稀有指数：★★★

鸭科 Anatidae　雁属 *Anser*

5　豆雁 *Anser fabalis*

形态特征：体长 76 ～ 89 厘米，脚为橘黄色；颈色暗，嘴黑而具橘黄色次端条带。飞行中较其他灰色雁类色暗而颈长。上下翼无灰雁的浅灰色调。虹膜呈暗棕色，嘴为橘黄色、黄色及黑色，脚为橘黄色。

生态习性：成群活动于近湖泊的沼泽地带及稻茬地，主要以植物性食物为食。

居 留 型：冬候鸟。

地理分布：赤壁市内分布于黄盖湖、西凉湖。

繁 殖 期：5 ～ 7 月。

保护状况：被列入《有重要生态、科学、社会价值的陆生野生动物名录》。

稀有指数：★★

鸭科 Anatidae　雁属 *Anser*

6　灰雁 *Anser anser*

形态特征：体长 76 ～ 89 厘米。头顶和后颈褐色，嘴基部有一条窄的白纹，繁殖期间呈锈黄色，有时白纹不明显。上体体羽灰而羽缘白，使上体具扇贝形图纹。胸浅烟褐色，尾上及尾下覆羽均白。飞行中浅色的翼前区与飞羽的暗色成对比。虹膜呈褐色，嘴为红粉色（东方亚种的嘴粉红色，西方亚种的嘴橙色），脚为粉红色。食物主要为各种水生和陆生植物的叶、根、茎、嫩芽、果实和种子等植物性食物。

生态习性：主要栖息在不同生境的淡水水域中，常见出入于芦苇和水草丰富的湖泊、水库、河口、水淹平原、湿草原、沼泽和草地。

居 留 型：冬候鸟。

地理分布：赤壁市内分布于黄盖湖、西凉湖。

繁 殖 期：4 ～ 6 月。

保护情况：被列入《有重要生态、科学、社会价值的陆生野生动物名录》。

稀有指数：★

灰雁

鸭科 Anatidae　天鹅属 *Cygnus*

7　小天鹅 *Cygnus columbianus*

形态特征：体长 120 ～ 147 厘米。全身羽毛洁白，仅头顶至枕部略带些淡棕黄色。上嘴侧的黄色不成前尖且嘴上中线呈黑色。虹膜为褐色，嘴为黑色带黄色，脚为黑色。

生态习性：性喜集群，除繁殖期外常呈小群或家族群活动。有时也和大天鹅在一起混群，行动极为小心谨慎，常常远远地离开人群和其他危险物。在水中游泳和栖息时，也常在距离岸边较远的地方。性活泼，游泳时颈部垂直竖立。鸣声高而清脆，常常显得有些嘈杂。主要以水生植物的叶、根、茎和种子等为食，也吃少量软体动物、水生昆虫和其他小型水生动物，有时还吃农作物的种子、幼苗。常呈小群或家族群觅食，觅食之前常先有一对不断地在觅食地点的上空盘旋侦察，确认没有危险后才去觅食，觅食期间还不时地伸长颈部观察四周，行动极为谨慎小心。

居 留 型：冬候鸟。

地理分布：赤壁市内分布于黄盖湖、西凉湖。

繁 殖 期：6 ～ 7 月。

保护状况：国家二级重点保护野生动物。

稀有指数：★★

小天鹅

小天鹅

小天鹅

鸭科 Anatidae　麻鸭属 *Tadorna*

8　赤麻鸭 *Tadorna ferruginea*

形态特征：雄性成鸟头顶和头部两侧棕白色，颈部浅棕黄，下颈基部具一狭窄的黑色颈环；背部和肩羽黄褐色，羽端棕栗色，上背羽色较浓艳；腰黄褐色具黑褐色虫状细小斑纹；翅上覆羽淡棕白色；小翼羽和初级飞羽黑褐色，次级飞羽的外翈铜绿色，形成明显的翼镜；外侧三级飞羽的外翈棕褐色，内翈灰黑色，内侧三级飞羽外翈棕黄色，内翈灰白色。下体棕栗色，上胸和下腹部的羽色较浓艳；尾上覆羽和尾羽呈黑色，尾下覆羽棕褐色。 雌性成鸟颈基无黑色领环；头顶、头侧和颈近白，其余体羽与雄性成鸟相似，但色泽稍浅淡。虹膜褐至深褐色，嘴黑色，跗蹠黑褐色，爪黑色。

生态习性：栖息于湖泊、水库及河流边缘的浅滩地带。常结群活动，性机警，人不易接近，受惊后不潜水，而起飞逃离，且边飞边叫，飞行速度较缓慢。在各湖泊中分布的数量和群体的大小各不相同。赤麻鸭主要在河畔、湖边和沼泽地中觅食水草，有时也到河边的农田中觅食麦子等农作物。

居　留　型：冬候鸟。

地理分布：赤壁市内广泛分布于各湖泊及沼泽湿地。

繁　殖　期：4～6月。

保护状况：被列入《有重要生态、科学、社会价值的陆生野生动物名录》。

稀有指数：★★

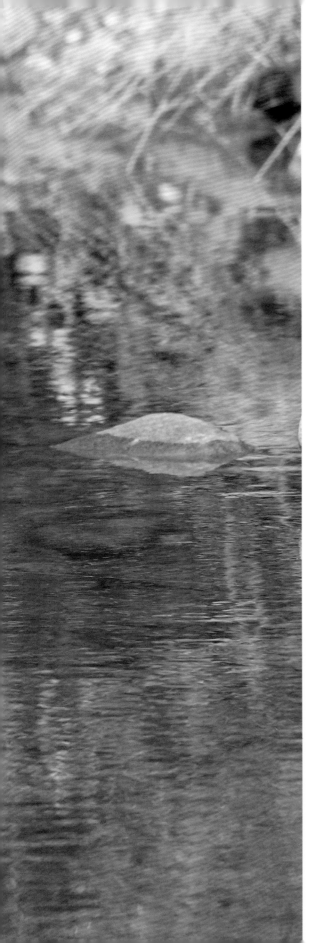

鸭科 Anatidae　鸳鸯属 *Aix*

9　鸳鸯 *Aix galericulata*

形态特征：体长 38 ～ 45 厘米，体重 0.5 千克左右。雌雄异色，雄鸟嘴红色，脚橙黄色，羽色鲜艳而华丽，头具艳丽的冠羽，眼后有宽阔的白色眉纹，翅上有一对栗黄色扇状直立羽，像帆一样立于后背，非常奇特和醒目，野外极易辨认。雌鸟嘴黑色，脚橙黄色，头和整个上体灰褐色，眼周白色，其后连一细的白色眉纹，亦极为醒目和独特。

生态习性：栖息于山地的河谷、溪流以及部分水质较好的湖泊中。其食物的种类常随季节和栖息地的不同而有变化，冬季的食物几乎都是栎树等植物的坚果，春季和冬季主要以青草、草叶、树叶、草根、草籽、苔藓等植物性食物为食，也吃玉米、稻谷等农作物和忍冬、橡子等植物果实与种子，繁殖季节则主要以动物性食物为食，如蚂蚁、石蝇、螽斯、蝗虫、蚊子、甲虫等昆虫和昆虫幼虫，也吃蝲蛄、虾、蜗牛、蜘蛛以及小型鱼类和蛙等动物性食物。

居 留 型：冬候鸟。

地理分布：赤壁市内仅在黄盖湖发现。

繁 殖 期：5 ～ 8 月。

保护状况：国家二级重点保护野生动物。

稀有指数：★★★★

鸭科 Anatidae　棉凫属 *Nettapus*

10　棉凫 *Nettapus coromandelianus*

形态特征： 体长30～40厘米。雄鸟前额白色，额及头顶黑褐色，头的余部和颈白色，颈基部有一宽的黑色带闪绿色光泽的颈环。肩、腰以及翅上覆羽黑褐色，具绿色金属闪光，大覆羽绿色金属闪光尤为显著；初级飞羽黑褐色，各羽中部白色，形成大的白色翼斑，次级飞羽黑褐色，具绿色光泽和白色端斑；三级飞羽黑褐色，略具紫蓝色光泽；尾上覆羽及两胁白色，有黑色虫蠹状细斑，尾羽暗褐色，有不显著的绿色金属光泽，羽缘浅棕色，腋羽及翼下覆羽黑褐色；尾下覆羽白色而具褐色端斑，其余下体白色。

雌鸟额和头顶暗褐色，额部杂有白色，眉纹白色，贯眼纹黑色，后颈浅褐色，两颊及前额污白色，具不明显的黑色细纹；背、肩以及两翅覆羽和飞羽褐色，具不明显的绿色金属光泽，大覆羽和初级飞羽具白色端斑，但较窄狭，次级飞羽白端较宽，腰和尾暗褐色，尾上覆羽褐色而具棕白色细斑；喉白色，下颈两侧及胸污白色，有黑褐色细斑。腹及尾下覆羽白色，两胁白色而具褐纹。

生态习性： 栖息于江河、湖泊、水塘和沼泽地带，特别是富有水生植物的开阔水域最为喜欢。有时也出现在村庄附近的小水塘和水渠中。主要以水生植物和陆生植物的嫩芽、嫩叶、根等为食，也吃水生昆虫、蠕虫、蜗牛、软体动物、甲壳类和小鱼等。觅食活动在白天，常在水面和岸边浅水处觅食，很少潜水捕食。

居 留 型： 夏候鸟。

地理分布： 赤壁市内西凉湖、黄盖湖有发现。

繁 殖 期： 5～8月。

保护状况： 国家二级重点保护野生动物。

稀有指数： ★★★

鸭科 Anatidae　河鸭属 *Anas*

11　罗纹鸭 *Anas falcata*

形态特征：体长 46 ～ 54 厘米。雄鸟：头顶栗色，头侧绿色闪光的冠羽延垂至颈项，黑白色的三级飞羽长而弯曲。喉及嘴基部白色使其区别于体型甚小的绿翅鸭。雌鸟：暗褐色杂深色。似雌性赤膀鸭但嘴及腿暗灰色，头及颈色浅，两胁略带扇贝形纹，尾上覆羽两侧具皮草黄色线条；有铜棕色翼镜。虹膜呈褐色，嘴为黑色，脚为暗灰。

生态习性：栖息于内陆湖泊、沼泽、河流等处的平静水面，较少见于沿海地区。白天喜在近水的灌丛中休息，晨昏飞向农田湖泊的浅水处觅食。主要以水生植物嫩叶、种子、草籽、草叶等植物性食物为食。

居 留 型：冬候鸟。

地理分布：赤壁市内分布于黄盖湖、西凉湖，主要栖息于江河、湖泊、河湾、河口及其沼泽地带。

繁 殖 期：5 ～ 7 月。

保护状况：被列入《有重要生态、科学、社会价值的陆生野生动物名录》。

稀有指数：★★

鸭科 Anatidae　河鸭属 *Anas*

12　绿头鸭 *Anas platyrhynchos*

形态特征：体长 47 ～ 62 厘米。雄鸟头颈部绿色，具金属光泽。颈基处有一白环。上背和两肩褐色，密杂以灰白色波状细斑，羽缘棕黄色；下背黑褐色，腰和尾上覆羽绒黑色，微具绿色光泽。中央两对尾羽黑色，向上卷曲成钩状，外侧尾羽灰褐色，具白色羽缘，最外侧尾羽大多灰白色。两翅灰褐色，翼镜呈金属紫蓝色，其前后缘各有一条绒黑色窄纹和白色宽边。颏近黑色，上胸浓栗色，具浅棕色羽缘；下胸和两胁灰白色，杂以细密的暗褐色波状纹。腹部淡色，亦密布暗褐色波状细斑。尾下覆羽绒黑色。雌鸟头顶至枕部黑色，具棕黄色羽缘；头侧、后颈和颈侧浅棕黄色，杂有黑褐色细纹；贯眼纹黑褐色；上体亦为黑褐色，具棕黄或棕白色羽缘，形成明显的"V"形斑；尾羽淡褐色，羽缘淡黄白色；两翅似雄鸟，具紫蓝色翼镜；颏和前颈浅棕红色，其余下体浅棕色或棕白色，杂有暗褐色斑或纵纹。

生态习性：绿头鸭主要栖息于水生植物丰富的湖泊、河流、池塘、沼泽等水域中；冬季和迁徙期间也出现于开阔的湖泊、水库、江河、沙洲和海岸附近沼泽和草地。主要以野生植物的叶、芽、茎和种子等植物性食物为食。

居 留 型：留鸟。

地理分布：赤壁市内广泛分布于陆水湖、黄盖湖、西凉湖以及周边其他小湖泊水域。

繁 殖 期：4 ～ 6 月。

保护状况：被列入《有重要生态、科学、社会价值的陆生野生动物名录》。

稀有指数：★

鸭科 Anatidae　河鸭属 *Anas*

13　斑嘴鸭 *Anas poecilorhyncha*

形态特征：体长 58 ～ 63 厘米。斑嘴鸭雄性成鸟头自额至枕棕褐色；从嘴基通过眼至耳羽区有一棕褐色纹；眉纹、眼先、颊、喉等均为黄白色；颊和颈侧亦呈黄白色，并散布深褐斑点。雌性成鸟很像雄鸟，上体后部较苍淡，下体自胸以下均为淡白色，而杂以暗褐色粗斑。嘴的黄端不明显。

生态习性：除繁殖期外，常成群活动，也和其他鸭类混群，主要栖息在内陆各类大小湖泊、水库、江河、水塘、河口、沙洲和沼泽地带，迁徙期间和冬季也出现在沿海和农田地带。主要吃植物性食物，常见的主要为水生植物的叶、嫩芽、茎、根，松藻、浮藻等水生藻类，草籽和谷物种子。也吃昆虫、软体动物等动物性食物。

居 留 型：留鸟。

地理分布：赤壁市内分布于黄盖湖、西凉湖，主要栖息在内陆各类大小湖泊、水库、江河、水塘、河口、沙洲和沼泽地带。

繁 殖 期：5 ～ 7 月。

保护状况：被列入《有重要生态、科学、社会价值的陆生野生动物名录》。

稀有指数：★

鸭科 Anatidae　河鸭属 *Anas*

14　针尾鸭 *Anas acuta*

形态特征：体长50～66厘米。雄鸟夏羽头顶暗褐色，具棕色羽缘，后颈中部黑褐色；头侧、颏、喉和前颈上部淡褐色，颈侧白色，呈一条白色纵带向下与腹部白色相连。背部满杂以暗褐色与灰白色相间的波状横斑，较长的肩羽有宽阔的绒黑羽端，最长的肩羽几全为绒黑色，具银灰色或棕黄色羽缘。翅上覆羽大多灰褐色，飞羽暗褐色，翅上具铜绿色翼镜；翼镜前缘为大覆羽的砖红色羽端，后缘为次级飞羽的白色端斑；三级飞羽银白色至淡褐色，中部贯以宽阔的黑褐色纵纹。腰褐色，微缀有白色短斑。尾上覆羽与背相同，但各羽具黑褐色羽轴及白色羽缘；外侧尾羽灰褐色，外翈具灰白色羽缘，中央2枚尾羽特别延长，呈绒黑色，并具绿色金属闪光。下体白色，腹部微杂以淡褐色波状细斑；两胁与背同色，但较浅淡；尾下覆羽黑色，前缘两侧具乳黄色带斑。冬羽似雌鸟。

雌鸟头为棕色，密杂以黑色细纹；后颈暗褐色而缀有黑色小斑；上体黑褐色，上背和两肩杂有棕白色"V"形斑，下背具灰白色横斑。翅上覆羽褐色，具白色端斑，尤其是大覆羽的白色端斑特别宽阔，和次级飞羽的白色端斑在翅上形成两道明显的白色横带，飞翔时明显可见。下体白色，前颈杂以暗褐色细斑；胸和上腹微具淡褐色横斑，至下腹褐斑较为明显和细密。尾下覆羽白色。

生态习性：多成群活动，迁徙季与冬季大群活动。多在水域滩涂栖息。多以水生植物嫩芽和种子为食，也到田间觅食。繁殖期间则多以水生无脊椎动物为食。

居 留 型：冬候鸟。

地理分布：赤壁市内分布于黄盖湖、西凉湖。

繁 殖 期：4～7月。

保护状况：被列入《有重要生态、科学、社会价值的陆生野生动物名录》。

稀有指数：★★

鸭科 Anatidae　河鸭属 *Anas*

15　绿翅鸭 *Anas crecca*

形态特征：体长 31 ～ 39 厘米。雄鸟：有明显的金属亮绿色，带皮黄色边缘的贯眼纹横贯栗色的头部，肩羽上有一道长长的白色条纹，深色的尾下羽外缘具皮黄色斑块；其余体羽多灰色。雌鸟：褐色斑驳，腹部色淡。与雌白眉鸭区别于翼镜亮绿色，前翼色深，头部色淡。虹膜呈褐色，嘴为灰色，脚为灰色。

生态习性：栖息在开阔的大型湖泊、江河、河口、港湾、沙洲、沼泽和沿海地带。冬季主要以植物性食物为主，特别是水生植物种子和嫩叶；其他季节除吃植物性食物外，也吃螺、甲壳类、软体动物、水生昆虫和其他小型无脊椎动物。

居 留 型：冬候鸟。

地理分布：赤壁市内分布于黄盖湖、西凉湖。

繁 殖 期：5 ～ 7 月。

保护状况：被列入《有重要生态、科学、社会价值的陆生野生动物名录》。

稀有指数：★★

鸭科 Anatidae　潜鸭属 *Aythya*

16　白眼潜鸭 *Aythya nyroca*

形态特征：体长 33 ～ 43 厘米。白眼潜鸭雄鸟头、颈浓栗色，颏部有一三角形白色小斑；颈部有一明显的黑褐色领环。上体黑褐色，上背和肩有不明显的棕色虫蠹状斑，或具棕色端边。次级飞羽和内侧初级飞羽白色，端部黑褐色，形成宽阔的白色翼镜和翼镜后缘的黑褐色横带；外侧初级飞羽端部和羽缘暗褐色；三级飞羽黑褐色，并具绿色光泽。腰和尾上覆羽黑色。胸浓栗色，两胁栗褐色，上腹白色，下腹淡棕褐色，肛区两侧黑色，尾下覆羽白色。

雌鸟头和颈棕褐色，头顶和项较暗，颏部有一三角形白色小斑，喉部亦杂有白色。上体暗褐色，腰和尾上覆羽黑褐色，背和肩具棕褐色羽缘。两翅同雄鸟，亦具宽阔的白色翼镜。上胸棕褐色，下胸灰白而杂以不明显的棕斑。上腹灰白色，下腹褐色，羽缘白色。两胁褐色，具棕色端斑，尾下覆羽白色。

生态习性：白眼潜鸭是古北界南部典型的淡水潜鸭，极善潜水，但在水下停留时间不长。常在富有芦苇和水草的水面活动，并潜伏于其中。性胆小而机警，常成对或成小群活动，仅在繁殖后的换羽期和迁徙期才集成较大的群体。杂食性，以植物性食物为主，主要为各类水生植物的球茎、叶、芽、嫩枝和种子。也食动物性食物，如甲壳类、软体动物、水生昆虫及其幼虫、蠕虫以及蛙和小鱼等。常在水边浅水处植物茂盛的地方觅食。觅食活动主要在清晨和黄昏，白天多在岸上休息或飘浮在开阔的水面上睡觉。

居 留 型：冬候鸟。

地理分布：赤壁市内分布于黄盖湖。

繁 殖 期：5 ～ 7 月。

保护状况：被列入《有重要生态、科学、社会价值的陆生野生动物名录》。

稀有指数：★★

鸭科 Anatidae　潜鸭属 *Aythya*

17　凤头潜鸭 *Aythya fuligula*

形态特征：凤头潜鸭体长 40 ～ 47 厘米。雄鸟头和颈黑色，具紫色光泽。头顶有丛生的长形黑色冠羽披于头后。背、尾上和尾下覆羽均为深黑色；下背、肩和翅上内侧覆羽杂有乳白色细小斑点，外侧初级飞羽的外侧和羽端黑褐色，内侧浅褐色；内侧初级飞羽的外侧近基部白色；外侧次级飞羽白色，具宽阔黑色端斑，形成翅上白色翼镜和后部黑色边缘；内侧次级飞羽和三级飞羽黑褐色，尾羽褐色，腹和两胁白色。雌鸟头、颈、胸和整个上体黑褐色，羽冠也为黑褐色，但较雄鸟短，也无光泽。额基有不甚明显的白斑。上胸淡黑褐色，微杂以白斑；下胸、腹和两胁灰白色，并带有不明显的淡褐色斑，尾下覆羽黑褐色。雄鸟非繁殖羽似雌鸟，但头颈和上体羽色较暗，腹以下淡灰褐色，两胁具淡色斑纹。

生态习性：常成群活动，特别是迁徙期间和越冬期间常集成上百只的大群。主要栖息于湖泊、河流、水库、池塘、沼泽、河口等开阔水面。繁殖季节则多选择在富有岸边植物的开阔湖泊与河流地区。食物主要为虾、蟹、蛤、水生昆虫、小鱼、蝌蚪等动物性食物，有时也吃少量水生植物。

居 留 型：冬候鸟。

地理分布：赤壁市内分布于黄盖湖。

繁 殖 期：5 ～ 7 月。

保护状况：被列入《有重要生态、科学、社会价值的陆生野生动物名录》。

稀有指数：★★

鸭科 Anatidae　秋沙鸭属 *Mergus*

18　普通秋沙鸭 *Mergus merganser*

形态特征：体型略大 (68 厘米) 的食鱼鸭。细长的嘴具钩。繁殖期雄鸟头及背部绿黑色，与光洁的乳白色胸部及下体成对比。飞行时翼白而外侧三级飞羽黑色。雌鸟及非繁殖期雄鸟上体深灰色，下体浅灰色，头棕褐色而颏白色。体羽具蓬松的副羽，较中华秋沙鸭的为短但比体型较小的为厚。飞行时次级飞羽及覆羽全白，并无红胸秋沙鸭那种黑斑。雄鸟头黑褐色，枕有短的羽冠；颈白色；背、腰灰色和黑色；翅上有一白色大翼镜；胸、腹白色。雌鸟头棕褐色，上体灰色，下体白色。

生态习性：喜结群活动于湖泊及湍急河流。潜水捕食鱼类。

居 留 型：冬候鸟。

地理分布：赤壁市内分布于黄盖湖。

繁 殖 期：5 ～ 7 月。

保护状况：被列入《有重要生态、科学、社会价值的陆生野生动物名录》。

稀有指数：★★

三、䴙䴘目

䴙䴘科 Podicipedidae　小䴙䴘属 *Tachybaptus*

19　小䴙䴘 *Tachybaptus ruficollis*

形态特征： 体长 25 ~ 29 厘米，趾有宽阔的蹼。繁殖羽：喉及前颈偏红，头顶及颈背深灰褐色，上体褐色，下体偏灰，具明显黄色嘴斑。非繁殖羽：上体灰褐色，下体白色。虹膜呈黄色或褐色，嘴为黑色，脚为蓝灰色，趾尖呈浅色。善于游泳和潜水。

生态习性： 通常单独或分散小群在清水及有丰富水生生物的湖泊、沼泽及涨水稻田活动。常潜水取食，潜水深度一般仅 2 米。食物主要为各种小型鱼类，也吃小型水生无脊椎动物和脊椎动物，偶尔也吃水草等少量水生植物。

繁 殖 期： 4 ~ 5 月。

分　　布： 常见于赤壁市各大小湖泊中。

保护状况： 被列入《有重要生态、科学、社会价值的陆生野生动物名录》。

稀有指数： ★

鸊鷉科 Podicipedidae　鸊鷉属 *Podiceps*

20　凤头鸊鷉 *Podiceps cristatus*

形态特征：体长 46 ～ 61 厘米，是体型最大的一种鸊鷉，外形优雅。颈修长，具显著的深色羽冠，下体近白，上体纯灰褐色。潜水的能力很强。受惊时从不飞离水面，而是潜入水中，很少登陆活动。

生态习性：栖息于低山和平原地带的江河、湖泊、池塘等各种水域中，特别在有浓密的芦苇和水草的湖沼中，数量较多。以各种水栖昆虫、小型虾、鱼及一些水生植物为食。

繁 殖 期：5 ～ 7 月。

分　　布：常见于赤壁市各大小湖泊中。

保护状况：被列入《有重要生态、科学、社会价值的陆生野生动物名录》。

稀有指数：★

四、鸽形目

鸠鸽科 Columbidae　斑鸠属 *Streptopelia*

21　山斑鸠 *Streptopelia orientalis*

形态特征：体长 33 ～ 35 厘米，山斑鸠雌雄相似。前额和头顶前部蓝灰色，后枕
　　　　　至后颈灰褐沾葡萄酒红色，颈基两侧各有一块羽缘为蓝灰色的黑羽，
　　　　　形成显著黑灰色颈斑。上背褐色，各羽缘为红褐色；下背和腰蓝灰色，
　　　　　尾上覆羽和尾同为褐色，具蓝灰色羽端，愈向外侧蓝灰色羽端愈宽阔。
　　　　　最外侧尾羽外翈灰白色。肩和内侧飞羽黑褐色，具红褐色羽缘；外侧
　　　　　中覆羽和大覆羽深石板灰色，羽端较淡；飞羽黑褐色，羽缘较淡。下
　　　　　体为葡萄酒红褐色，颏、喉棕色沾染粉红色，胸沾灰，腹淡灰色，两胁、
　　　　　腑羽及尾下覆羽蓝灰色。虹膜金黄色或橙色，嘴铅蓝色，脚洋红色，
　　　　　爪角褐色。

生态习性：赤壁市内分布于陆水湖，成对或单独活动，多在开阔农耕区、村庄或
　　　　　小沟渠附近，取食于地面。食物多为带颗谷类，如高粱谷、粟谷、秫
　　　　　秫谷，也食用一些樟树籽核、初生螺蛳等。

居 留 型：留鸟。

地理分布：常见于赤壁市各大小湖泊周边。

繁 殖 期：4 ～ 7 月。

保护状况：被列入《有重要生态、科学、社会价值的陆生野生动物名录》。

稀有指数：★

鸠鸽科 Columbidae　斑鸠属 *Streptopelia*

22　珠颈斑鸠 *Streptopelia chinensis*

形态特征：体长约 30 厘米。颈侧满是带白点的黑色块斑。雄鸟前额淡蓝灰色，到头顶逐渐变为淡粉灰色；头颈粉红色，后颈有一大块黑色领斑，其上布满白色或黄白色珠状似的细小斑点，上体余部褐色，羽缘较淡。中央尾羽与背同色，但较深些；外侧尾羽黑色，具宽阔的白色端斑。翼缘、外侧小覆羽和中覆羽蓝灰色，其余覆羽较背为淡。飞羽深褐色，羽缘较淡。颏白色，头侧、喉、胸及腹粉红色；两胁、翅下覆羽、腋羽和尾下覆羽灰色。嘴暗褐色，脚红色。雌鸟羽色和雄鸟相似，但不如雄鸟辉亮，较少光泽。虹膜褐色，嘴深角褐色，细长而柔软，脚和趾紫红色，爪角褐色。

生态习性：常三三两两分散栖于相邻的树枝头。栖息环境较为固定，如无干扰，可以较长时间不变。主要以植物种子为食，特别是农作物种子，如稻谷、玉米、小麦、豌豆、黄豆、菜豆、油菜、芝麻、高粱、绿豆等。有时也吃蝇蛆、蜗牛、昆虫等动物性食物。

地理分布：赤壁市内分布于陆水湖，常成小群活动，有时亦与其他斑鸠混群。

居 留 型：留鸟。

繁 殖 期：5 ～ 7 月。

保护状况：被列入《有重要生态、科学、社会价值的陆生野生动物名录》。

稀有指数：★

五、鹃形目

杜鹃科 Cuculidae　　鸦鹃属 *Centropus*

23　小鸦鹃 *Centropus bengalensis*

形态特征：体型略大，长 38 ～ 42 厘米，尾长。上背及两翼的栗色较浅且呈现黑色。中间色型的体羽常见。亚成鸟具有褐色条纹，最显著的特征是头部呈现白色丝状羽。

生态习性：常单独或成对活动。性机智而隐蔽，稍有惊动，立即奔入稠茂的灌木丛或草丛中。主要以蝗虫、蝼蛄、金龟甲、椿象、白蚁、螳螂、蠢斯等昆虫和其他小型动物为食，也吃少量植物果实与种子。

居 留 型：留鸟。

地理分布：赤壁市内分布于陆水湖，喜山边灌木丛、沼泽地带及开阔的草地（包括高山草地）。

繁 殖 期：3 ～ 8 月。

保护状况：国家二级重点保护野生动物。

稀有指数：★★

六、鹤形目

秧鸡科 Rallidae　　黑水鸡属 *Gallinula*

24　黑水鸡 *Gallinula chloropus*

形态特征：体长 30 ～ 38 厘米。成鸟两性相似，雌鸟稍小。额甲鲜红色，端部圆形。头、颈及上背灰黑色，下背、腰至尾上覆羽和两翅覆羽暗橄榄褐色。飞羽和尾羽黑褐色，第 1 枚初级飞羽外翈及翅缘白色。下体灰黑色，向后逐渐变浅，羽端微缀白色：下腹羽端白色较大，形成黑白相杂的块斑；两胁具宽的白色条纹；尾下覆羽中央黑色，两侧白色。翅下覆羽和腋羽暗褐色，羽端白色。幼鸟上体棕褐色，飞羽黑褐色。头侧、颈侧棕黄色，颏、喉灰白色，前胸棕褐色，后胸及腹灰白色。

生态习性：栖息于富有芦苇和水生挺水植物的淡水湿地、沼泽、湖泊、水库、苇塘、水渠和水稻田中，也出现于林缘和路边水渠与疏林中的湖泊沼泽地带。主要吃水生植物嫩叶、幼芽、根茎以及水生昆虫、蠕虫、蜘蛛、软体动物等食物，其中以动物性食物为主。

地理分布：赤壁市内广泛分布于黄盖湖、西凉湖、陆水湖以及各类型坑塘中。

居 留 型：留鸟。

繁 殖 期：4 ～ 7 月。

保护状况：被列入《有重要生态、科学、社会价值的陆生野生动物名录》。

稀有指数：★

秧鸡科 Rallidae　骨顶属 *Fulica*

25　白骨顶 *Fulica atra*

形态特征：体长 36 ～ 39 厘米。成鸟两性相似，头具白色额甲，端部钝圆，雌鸟额甲较小。头和颈纯黑、辉亮，上体余部及两翅石板灰黑色，向体后渐沾褐色。初级飞羽黑褐色，第 1 枚初级飞羽外翈边缘白色，内侧飞羽羽端白色，形成明显的白色翼斑。下体浅石板灰黑色，胸、腹中央羽色较浅，羽端苍白色；尾下覆羽黑色。

生态习性：栖息于低山、丘陵和平原草地，甚至荒漠与半荒漠地带的各类水域中。主要吃小鱼、虾、水生昆虫，水生植物的嫩叶、幼芽、果实以及其他各种灌木浆果与种子和藻类。

居 留 型：冬候鸟。

地理分布：赤壁市内分布于黄盖湖、西凉湖。

繁 殖 期：5 ～ 7 月。

保护状况：被列入《有重要生态、科学、社会价值的陆生野生动物名录》。

稀有指数：★

鹤科 Gruidae 鹤属 *Grus*

26 白鹤 *Grus leucogeranus*

形态特征：体长 140 厘米。白鹤头顶和脸裸露无羽、鲜红色，体羽白色，初级飞羽黑色，次级飞羽和三级飞羽白色，三级飞羽延长成镰刀状，覆盖于尾上，盖住了黑色初级飞羽，因此站立时通体白色，仅飞翔时可见黑色初级飞羽。 幼鸟头被羽，上体赤褐色，下体、两胁白色而缀赤褐色；肩石板灰色，基部色淡，羽缘桂红褐色；下背、腰和尾上覆羽亮赤褐色而具白色羽缘；中央尾羽石板灰色，羽端赤褐色，基部白色；初级飞羽黑色。虹膜棕黄色，嘴、脚暗红色。2 龄脚变红色，3 龄嘴亦变为红色。

生态习性：常单独、成对和成家族群活动，迁徙季节和冬节则常常集成数十只、甚至上百只的大群。栖息于芦苇沼泽湿地。以水生植物根、茎为食，也兼食少量蛙、鱼、螺等。

居 留 型：冬候鸟。

地理分布：赤壁市内分布于黄盖湖。

繁 殖 期：5 ～ 6 月。

保护状况：国家一级重点保护野生动物。

稀有指数：★ ★ ★ ★ ★

白鹤

白鹤

七、鸻形目

反嘴鹬科 Recurvirostridae

长脚鹬属 *Himantopus*

27　黑翅长脚鹬 *Himantopus himantopus*

形态特征：细长的嘴黑色，两翼黑，长长的腿红色，体羽白。颈背具黑色斑块。幼鸟褐色较浓，头顶及颈背沾灰。虹膜呈粉红色，嘴为黑色，腿及脚为淡红色。

生态习性：栖息于开阔平原草地中的湖泊、浅水塘和沼泽地带。主要以软体动物、甲壳类、环节动物、昆虫（昆虫幼虫），以及小鱼和蝌蚪等动物性食物为食。

地理分布：赤壁市内分布于黄盖湖、西凉湖。

居 留 型：冬候鸟。

繁 殖 期：5～7月。

居 留 型：冬候鸟。

保护状况：被列入《有重要生态、科学、社会价值的陆生野生动物名录》。

濒危等级：无危（LC）。

稀有指数：★

反嘴鹬科 Recurvirostridae

反嘴鹬属 *Recurvirostra*

28　反嘴鹬 *Recurvirostra avosetta*

形态特征：体长 42 ～ 45 厘米。眼先、前额、头顶、枕和颈上部绒黑色或黑褐色，形成一个经眼下到后枕，然后弯下后颈的黑色帽状斑。其余颈部、背、腰、尾上覆羽和整个下体白色。有的个体上背缀有灰色，肩和翕两侧黑色。尾白色，末端灰色，中央尾羽常缀灰色。初级飞羽黑色，内侧初级飞羽和次级飞羽白色。三级飞羽黑色，外侧三级飞羽白色，并常常缀有褐色。内肩、翅上中覆羽和外侧小覆羽黑色，最长的肩羽黑色，并缀有灰色。

生态习性：常单独或成对活动和觅食，但栖息时却喜成群。有时群集达数万只，特别是在越冬地和迁徙季节。反嘴鹬常栖息于平原和半荒漠地区的湖泊、水塘和沼泽地带，有时也栖息于海边水塘和盐碱沼泽地。迁徙期间亦常出现于水稻田和鱼塘。冬季多栖息于海岸及河口地带。主要以小型甲壳类、水生昆虫、昆虫幼虫、蠕虫和软体动物等小型无脊椎动物为食。

居 留 型：冬候鸟。

地理分布：赤壁市内分布于黄盖湖、西凉湖。

繁 殖 期：5 ～ 7 月。

保护状况：被列入《有重要生态、科学、社会价值的陆生野生动物名录》。

稀有指数：★

鸻科 Charadriidae　麦鸡属 *Vanellus*

29　凤头麦鸡 *Vanellus vanellus*

形态特征：体长 28 ～ 31 厘米。雄鸟夏羽额、头顶和枕黑褐色，头上有黑色反曲的长形羽冠。眼先、眼上和眼后灰白色和白色，并混杂有白色斑纹。眼下黑色，少数个体形成一黑纹。耳羽和颈侧白色，并混杂有黑斑。背、肩和三级飞羽暗绿色或辉绿色，具棕色羽缘和金属光泽。飞羽黑色，最外侧三枚初级飞羽末端有斜行白斑，肩羽末端沾紫色。尾上覆羽棕色，尾羽基部为白色，端部黑色并具棕白色或灰白色羽缘，外侧一对尾羽纯白色。颏、喉黑色，胸部具宽阔的黑色横带，前颈中部有一黑色纵带将黑色的喉和黑色胸带连结起来，下胸和腹白色。尾下覆羽淡棕色，腋羽和翼下覆羽纯白色。雌鸟和雄鸟基本相似，但头部羽冠稍短，喉部常有白斑。冬羽头淡黑色或皮黄色，羽冠黑色。颏、喉白色，肩和翅覆羽具较宽的皮黄色羽缘，余同夏羽。

生态习性：常成群活动，特别是冬季，常集成数十至数百只的大群。栖息于低山丘陵、山脚平原和草原地带的湖泊、水塘、沼泽、溪流和农田地带。主要以昆虫和幼虫为食，也以杂草种子和植物嫩叶为食。

居留型：冬候鸟。

地理分布：赤壁市内分布于黄盖湖、西凉湖。

繁殖期：5 ～ 7 月。

保护状况：被列入《有重要生态、科学、社会价值的陆生野生动物名录》。

稀有指数：★

凤头麦鸡

鸻科 Charadriidae　麦鸡属 *Vanellus*

30　灰头麦鸡 *Vanellus cinereus*

形态特征：体长 34～37 厘米。夏羽头、颈、胸灰色，后颈缀有褐色，多呈淡灰褐色。背、两肩、腰、两翅小覆羽和三级飞羽淡褐色，具金属光泽，腰部两侧、尾上覆羽和尾羽白色。除最外侧一对尾羽全为白色，最外侧第二对尾羽具黑色羽端外，其余尾羽均具宽阔的黑色亚端斑和窄狭的白色端缘，尤以中央一对尾羽黑色次端斑最为宽阔。初级覆羽和初级飞羽黑色，内侧初级飞羽具白色羽缘，中覆羽、大覆羽和次级飞羽白色。胸灰褐色，其下紧连一黑色横带，其余下体白色。冬羽头、颈多褐色，颏、喉白色，黑色胸带部分不清晰。

生态习性：栖息于平原草地、沼泽、湖畔、河边、水塘以及农田地带，主要以鞘翅目和直翅目昆虫为食，也以软体动物和植物为食。

居 留 型：夏候鸟。

地理分布：赤壁市内分布于黄盖湖、西凉湖。

繁 殖 期：5～7 月。

保护状况：被列入《有重要生态、科学、社会价值的陆生野生动物名录》。

稀有指数：★

鸻科 Charadriidae　鸻属 *Charadrius*

31　金眶鸻 *Charadrius dubius*

形态特征： 体长 14 ～ 17 厘米。金眶鸻是小型涉禽，夏羽前额和眉纹白色，额基和头顶前部绒黑色，头顶后部和枕灰褐色，眼先、眼周和眼后耳区黑色，并与额基和头顶前部黑色相连。眼睑四周金黄色。后颈具一白色环带，向下与颏、喉部白色相连，紧接此白环之后有一黑领围绕着上背和上胸，其余上体灰褐色或沙褐色。初级飞羽黑褐色，第一枚初级飞羽羽轴白色，中央尾羽灰褐色，末端黑褐色，外侧一对尾羽白色，内翈具黑褐色斑块。下体除黑色胸带外全为白色。冬羽额顶和额基黑色全被褐色取代，额呈棕白色或皮黄白色，头顶至上体沙褐色，眼先、眼后至耳覆羽以及胸带呈暗褐色。

生态习性： 栖息于开阔平原与低山丘陵地带的湖泊、河流岸边以及附近的沼泽、草地和农田地带。主要食鳞翅目、鞘翅目及其他昆虫（昆虫幼虫），以及其他小型水生无脊椎动物。

居 留 型： 冬候鸟。

地理分布： 赤壁市内分布于黄盖湖、西凉湖。

繁 殖 期： 5 ～ 7 月。

保护状况： 被列入《有重要生态、科学、社会价值的陆生野生动物名录》。

稀有指数： ★

水雉科 Jacanidae 　水雉属 *Hydrophasianus*

32 　水雉 *Hydrophasianus chirurgus*

形态特征：体长 31 ～ 58 厘米。头部和颈部前端为白色，颈部后端覆盖有一片十分鲜艳亮眼的金黄色羽毛。背部、腹部及尾羽为棕褐色，两翼主要为白色，翅尖为黑褐色，尾羽像雉鸡一样是长尾羽。脚趾特别长，犹如分叉的枯树枝。虹膜淡黄色，嘴黄色，尖端褐色，脚、趾暗绿色至暗铅色。幼鸟似非繁殖期成鸟，但颈无黄色纵纹。

生态习性：栖息于富有挺水植物和漂浮植物的淡水湖泊、池塘和沼泽地带。以昆虫、虾、软体动物、甲壳类等小型无脊椎动物和水生植物为食。

居 留 型：夏候鸟。

地理分布：赤壁市内分布于黄盖湖、西凉湖。

繁 殖 期：4 ～ 8 月。

保护状况：国家二级重点保护野生动物。

稀有指数：★★★

鹬科 Scolopacidae　沙锥属 *Gallinago*

33　扇尾沙锥 *Gallinago gallinago*

形态特征：体长 25 ～ 27 厘米，头顶黑褐色，后颈棕红褐色，具黑色羽干纹。头顶中央有一棕红色或淡皮黄色中央冠纹自额基至后枕。两侧各有一条白色或淡黄白色眉纹自嘴基至眼后。眼先淡黄白色或白色，有一黑褐色纵纹从嘴基到眼，并延伸至眼后。在嘴基此眼纹的宽度明显较白色眉纹宽。两颊具不甚明显的黑褐色纵纹。背、肩、三级飞羽绒黑色，具红栗色和淡棕红色斑纹及羽缘。其中肩羽外侧具较宽的棕红色或淡棕红白色羽缘，因而在背部形成四道宽阔的纵带。大覆羽、初级覆羽、初级飞羽和次级飞羽黑褐色。虹膜黑褐色。嘴长而直，端部黑褐色，基部黄褐色。脚和趾橄榄绿色，爪黑色。

生态习性：常单独或成 3 ～ 5 只的小群活动，喜欢富有植物和灌丛的开阔沼泽与湿地，也出现于林间沼泽，主要以蚂蚁、金针虫、小甲虫、鞘翅目等昆虫（昆虫幼虫）、蠕虫、蜘蛛、蚯蚓和软体动物为食，偶尔也吃小鱼和杂草种子。

居 留 型：冬候鸟。

地理分布：赤壁市内分布于黄盖湖、西凉湖。

繁 殖 期：5 ～ 7 月。

保护状况：被列入《有重要生态、科学、社会价值的陆生野生动物名录》。

稀有指数：★

鹬科 Scolopacidae 鹬属 *Tringa*

34 鹤鹬 *Tringa erythropus*

形态特征：体长 29 ～ 32 厘米。嘴长且直，繁殖羽黑色具白色点斑。冬季似红脚鹬，喜鱼塘、沿海滩涂及沼泽地带。体型较大，灰色较深，嘴较长且细，嘴基红色较少。两翼色深并具白色点斑，过眼纹明显。飞行时区别在后缘缺少白色横纹，脚伸出尾后较长。虹膜褐色，嘴黑色，嘴基红色，脚橘黄色。

生态习性：常结群活动，喜沼泽或水域浅水处活动，喜淡水，极少出现在盐沼区域，能在水中游泳。以各种水生昆虫、幼虫、软体动物、甲壳动物、鱼、虾等为食。

居 留 型：冬候鸟。

地理分布：赤壁市内分布于黄盖湖、西凉湖。

繁 殖 期：5 ～ 7 月。

保护状况：被列入《有重要生态、科学、社会价值的陆生野生动物名录》。

稀有指数：★

鹬科 Scolopacidae 鹬属 *Tringa*

35 青脚鹬 *Tringa nebularia*

形态特征：体长 30～35 厘米，是深水涉禽。体灰色，腿淡绿，腰白色。嘴微上翘，腿长近绿色。背部和腰为白色，飞行时尤其明显。翼下具有深色细纹。尾端具有黑色细斑。飞行时脚伸出尾端甚长。冬羽背上颜色变得较暗，喉、胸的纵斑消失。比泽鹬体型大，嘴更粗略上翘。

生态习性：栖息于沿海和内陆的沼泽地带及大河流的泥滩。在浅水中寻食，通常单独或两三成群。以水生昆虫、螺、虾、小鱼及水生植物为食。

居 留 型：冬候鸟。

地理分布：赤壁市内分布于黄盖湖、西凉湖。

繁 殖 期：5～7 月。

保护状况：被列入《有重要生态、科学、社会价值的陆生野生动物名录》。

稀有指数：★

鹬科 Scolopacidae　鹬属 *Tringa*

36　白腰草鹬 *Tringa ochropus*

形态特征：体长 21～24 厘米，矮壮型，深绿褐色，腹部及臀白色。飞行时黑色的下翼、白色的腰部以及尾部的横斑极显著。上体绿褐色杂白点；两翼及下背几乎全黑；尾白，端部具黑色横斑。飞行时脚伸至尾后。野外看黑白色非常明显。冬羽和夏羽基本相似，但体色较淡。上体为灰褐色。背和肩具不甚明显的皮黄色斑点。

生态习性：繁殖季节主要栖息于山地或平原森林中的湖泊、河流、沼泽和水塘附近。栖息海拔高度可达海拔 3000 米左右。非繁殖期主要栖息于沿海、河口、内陆湖泊、河流、水塘、农田与沼泽地带。常单独或成对活动。主要啄食蠕虫、虾、蜘蛛、小蚌、田螺、昆虫（昆虫幼虫）等小型无脊椎动物，偶尔也吃小鱼和稻谷。

居 留 型：冬候鸟。

地理分布：赤壁市内分布于黄盖湖、西凉湖。

繁 殖 期：5～7 月。

保护状况：被列入《有重要生态、科学、社会价值的陆生野生动物名录》。

稀有指数：★

鹬科 Scolopacidae　鹬属 *Tringa*

37　林鹬 *Tringa glareola*

形态特征：体长 19 ～ 23 厘米。个体纤细，褐灰色，腹部及臀偏白，腰白。上体灰褐色而具斑点；眉纹长，白色；尾白而具褐色横斑。飞行时尾部的横斑、白色的腰部和下翼以及翼上无横纹为其特征。脚远伸于尾后。

生态习性：繁殖期主要栖息于林中或林缘开阔沼泽、湖泊、水塘与溪流岸边，也栖息和活动于有稀疏矮树或灌丛的平原水域和沼泽地带。非繁殖期主要栖息于各种淡水和盐水湖泊、水塘、水库、沼泽和水田地带。常单独或成小群活动。迁徙期也集成大群。主要以直翅目和鳞翅目昆虫（昆虫幼虫）、蠕虫、虾、蜘蛛、软体动物和甲壳类等小型无脊椎动物为食。偶尔也吃少量植物种子。

居 留 型：冬候鸟。

地理分布：赤壁市内分布于黄盖湖、西凉湖。

繁 殖 期：5 ～ 7 月，营巢于森林河流两岸、湖泊、沼泽、草地和冻原地带。每窝产卵 4 枚，偶尔 3 枚，卵的形状为梨形，颜色为淡绿色或皮黄色，其上被有褐色或红褐色斑点。雌雄轮流孵卵。

保护状况：被列入《有重要生态、科学、社会价值的陆生野生动物名录》。

稀有指数：★

鹬科 Scolopacidae　鹬属 *Tringa*

38　矶鹬 *Tringa hypoleucos*

形态特征： 体长 16 ～ 22 厘米。背和尾上覆羽呈橄榄褐色，闪铜褐色光泽，具纤细的黑色羽干纹；背、肩和翅上覆羽具淡棕白色端缘和黑色横斑；飞羽黑褐色；翅具白色横斑；颏、喉白色；胸部灰褐色，有暗褐色纤细条纹，胸部下缘的暗色平齐；翼角前缘具白色斑。下体余部纯白。

生态习性： 常单独或成对活动，非繁殖期亦成小群。栖息于低山丘陵和山脚平原一带的江河沿岸、湖泊、水库、水塘岸边，也出现于海岸、河口和附近沼泽湿地。主要以鞘翅目、直翅目、夜蛾、蝼蛄、甲虫等昆虫为食，也吃螺、蠕虫等无脊椎动物和小鱼以及蝌蚪等小型脊椎动物。

居 留 型： 冬候鸟。

地理分布： 赤壁市内分布于黄盖湖、西凉湖

繁 殖 期： 5 ～ 7 月。

保护状况： 被列入《有重要生态、科学、社会价值的陆生野生动物名录》。

稀有指数： ★

鹬科 Scolopacidae　滨鹬属 *Calidris*

39　黑腹滨鹬 *Calidris alpina*

形态特征：体长 16 ～ 22 厘米。夏季背栗红色，具黑色中央斑和白色羽缘。眉纹白色。下体白色，颊至胸有黑褐色细纵纹。腹中央黑色，呈大型黑斑。冬羽上体灰褐色，下体白色，胸侧缀灰褐色。飞翔时翅上有显著的白色翅带，腰和尾黑色，腰和尾的两侧为白色，野外特征甚明显。特别是夏羽，仅通过腹部大型黑斑和栗红色的背，就很容易的与其他鹬类相区别。但冬羽和弯嘴滨鹬、阔嘴鹬非常相似，野外鉴别较困难。不过弯嘴滨鹬嘴较长而细，向下弯曲弧度较大，脚亦较长，腰白色，两侧不为黑色；阔嘴鹬体型较小，脚亦较短，具双道白色眉纹，野外容易区别。

生态习性：常成群活动于水边沙滩、泥地或水边浅水处。栖息于冻原、高原和平原地区的湖泊、河流、水塘、河口等水域岸边和附近沼泽与草地上。主要以甲壳类、软体动物、蠕虫、昆虫（昆虫幼虫）等各种小型无脊椎动物为食。

居 留 型：冬候鸟。

地理分布：赤壁市内分布于黄盖湖、西凉湖。

繁 殖 期：5 ～ 8 月。

保护状况：被列入《有重要生态、科学、社会价值的陆生野生动物名录》。

稀有指数：★

鸥科 Laridae　鸥属 *Larus*

40　红嘴鸥 *Larus ridibundus*

形态特征：体长 37 ～ 43 厘米。嘴和脚皆呈红色，身体大部分的羽毛是白色，尾羽黑色。繁殖羽（夏羽）：深巧克力褐色的头罩延伸至顶后，于繁殖期延至白色的后颈。非繁殖羽（冬羽）：眼后具黑色点斑（冬季），嘴及脚红色，翼前缘白色，翼尖的黑色并不长，翼尖无或微具白色点斑。

生态习性：栖息于沿海、内陆河流、湖泊，常 3 ～ 5 只成群活动，在海上浮于水面或立于漂浮木或固定物上，或与其他海洋鸟类混群，在鱼类上空盘旋飞行。于陆地时，停栖于水面或地上。主要以鱼、虾、昆虫、水生植物和人类丢弃的食物残渣为食。

居 留 型：留鸟。

地理分布：赤壁市内分布于黄盖湖、西凉湖。

繁 殖 期：5 ～ 7 月。

保护状况：被列入《有重要生态、科学、社会价值的陆生野生动物名录》。

稀有指数：★

鸥科 Laridae 鸥属 *Larus*

41 西伯利亚银鸥 *Larus vegae*

形态特征：体长 58 ～ 65 厘米。腿为粉红色，冬鸟头及颈背具深色纵纹，并及胸部；上体体羽变化由浅灰至灰或灰至深灰。通常三级飞羽及肩部具白色的宽月牙形斑。合拢的翼上可见多至五枚大小相等的突出白色翼尖。

生态习性：常几十只或成百只一起活动，喜跟随来往的船舶，索食船中的遗弃物。以动物性食物为主，其中有水里的鱼、虾、海星和陆地上的蝗虫、螽斯及鼠类等。

居 留 型：冬候鸟。

地理分布：赤壁市内分布于黄盖湖、西凉湖。

繁 殖 期：4 ～ 8 月 。

保护状况：被列入《有重要生态、科学、社会价值的陆生野生动物名录》。

稀有指数：★

鸥科 Laridae　浮鸥属 *Chlidonias*

42　灰翅浮鸥 *Chlidonias hybrida*

形态特征：体长 23 ～ 29 厘米，腹部深色（夏季），尾浅开叉。繁殖期（夏羽）：
额黑，胸腹灰色。非繁殖期：额白，头顶至后颈黑色，具白色纵纹。
顶后及颈背黑色，下体白，翼、颈背、背及尾上覆羽灰色。

生态习性：栖息于开阔平原湖泊、水库、河口、海岸和附近沼泽地带。有时也出
现于大湖泊与河流附近的小水渠、水塘和农田地上空。常成群活动。
主要以小鱼、虾、水生昆虫等水生脊椎和无脊椎动物为食，有时也吃
部分水生植物。

居 留 型：留鸟。

地理分布：赤壁市内分布于黄盖湖、西凉湖。

繁 殖 期：5 ～ 7 月。

保护状况：被列入《有重要生态、科学、社会价值的陆生野生动物名录》。

稀有指数：★

八、鹳形目

鹳科 Ciconiidae　鹳属 *Ciconia*

43　黑鹳 *Ciconia nigra*

形态特征：体长 100 ～ 120 厘米。两性相似，成鸟嘴长而直，基部较粗，往先端逐渐变细。鼻孔小，呈裂缝状。第 2 和第 4 枚初级飞羽外翈有缺刻。尾较圆，尾羽 12 枚。脚甚长，胫下部裸出，前趾基部间具蹼，爪钝而短。头、颈、上体和上胸黑色，颈具辉亮的绿色光泽。背、肩和翅具紫色和青铜色光泽，胸亦有紫色和绿色光泽。前颈下部羽毛延长，形成相当蓬松的颈领，而且在求偶期间和四周温度较低时能竖直起来。下胸、腹、两胁和尾下覆羽白色。虹膜褐色或黑色，嘴红色，尖端较淡，眼周裸露皮肤和脚亦为红色。

生态习性：性孤独，常单独或成对活动在水边浅水处或沼泽地上，有时也成小群活动和飞翔。繁殖期间栖息在偏僻而无干扰的开阔森林及森林河谷与森林沼泽地带，也常出现在荒原和荒山附近的湖泊、水库、水渠、溪流、水塘及其沼泽地带，冬季主要栖息于开阔的湖泊、河岸和沼泽地带，有时也出现在农田和草地。主要以鲫鱼、虾虎鱼、白条、鳔鳅、泥鳅、条鳅、杜父鱼等小型鱼类为食，也吃蛙、蜥蜴、虾、蟋蟀、金龟甲、蝲蛄、蟹、蜗牛、软体动物、甲壳类、啮齿类、小型爬行类、雏鸟和昆虫等其他动物性食物。

居 留 型：冬候鸟。

地理分布：赤壁市内零星分布于黄盖湖周边小湖泊。

繁 殖 期：4 ～ 7 月。

保护状况：国家一级重点保护野生动物。

稀有指数：★ ★ ★ ★ ★

黑鹳

鹳科 Ciconiidae 鹳属 *Ciconia*

44 东方白鹳 *Ciconia boyciana*

形态特征：体长 110 ～ 128 厘米。东方白鹳是一种大型的涉禽，体态优美。长而粗壮的嘴十分坚硬，呈黑色，仅基部缀有淡紫色或深红色。嘴的基部较厚，往尖端逐渐变细，并且略微向上翘。眼睛周围、眼线和喉部的裸露皮肤都是朱红色，眼睛内的虹膜为粉红色，外圈为黑色。身体上的羽毛主要为纯白色。翅膀宽而长，上面的大覆羽、初级覆羽、初级飞羽和次级飞羽均为黑色，并具有绿色或紫色的光泽。初级飞羽的基部为白色，内侧初级飞羽和次级飞羽的外翈除羽缘和羽尖外，均为银灰色，向内逐渐转为黑色。前颈的下部有呈披针形的长羽，在求偶炫耀的时候能竖直起来。腿、脚甚长，为鲜红色。

生态习性：除了在繁殖期成对活动外，其他季节大多组成群体活动，特别是迁徙季节，常常聚集成数十只，甚至上百只的大群。主要栖息于开阔而偏僻的平原、草地和沼泽地带，特别是有稀疏树木生长的河流、湖泊、水塘，以及水渠岸边和沼泽地上。在冬季和春季主要采食植物种子、叶、草根、苔藓和少量的鱼类；夏季的食物种类非常丰富，以鱼类为主，也吃蛙、鼠、蛇、蜥蜴、蜗牛、软体动物、节肢动物、甲壳动物、环节动物、昆虫和幼虫。

居 留 型：冬候鸟。

地理分布：赤壁市内零星分布于西凉湖。

繁 殖 期：4 ～ 6 月。

保护状况：国家一级重点保护野生动物。

稀有指数：★ ★ ★ ★ ★

九、鲣鸟目

鸬鹚科 Phalacrocoracidae　鸬鹚属 *Phalacrocorax*

45　普通鸬鹚 *Phalacrocorax carbo*

形态特征：体长 70 ～ 80 厘米。通体黑色，头颈具紫绿色光泽，两肩和翅具青铜色光彩，嘴厚重，脸颊及喉白色。繁殖期颈及头饰以白色丝状羽，脸部有红色斑，两胁具白色斑块。亚成鸟：深褐色，下体污白。虹膜呈蓝色，嘴呈黑色，下嘴基裸露皮肤黄色，脚为黑色。

生态习性：栖息于河流、湖泊、池塘、水库、河口及其沼泽地带，常停栖在岩石或树枝上晾翼，飞行呈"V"字形或直线。以各种鱼类为食。

居 留 型：冬候鸟。

地理分布：赤壁市内分布于黄盖湖、西凉湖。

繁 殖 期：4 ～ 6 月。

保护状况：被列入《有重要生态、科学、社会价值的陆生野生动物名录》。

稀有指数：★

十、鹈形目

鹮科 Threskiornithidae   琵鹭属 *Platalea*

46 白琵鹭 *Platalea leucorodia*

形态特征： 体长 74 ～ 87 厘米。嘴长而直，上下扁平，前端扩大呈匙状，黑色，端部黄色；脚亦较长，黑色，胫下部裸出。夏羽全身白色，头后枕部具长的发丝状羽冠，橙黄色，前额下部具橙黄色颈环，颏和上喉裸露无羽，橙黄色。冬羽和夏羽相似，全身白色，头后枕部无羽冠，前颈下部亦无橙黄色颈环。

生态习性： 常成群活动，偶尔见单只。栖息于开阔平原和山地丘陵地区的河流、湖泊、水库岸边及其浅水处，也见于水淹平原、芦苇沼泽湿地、沿海沼泽、海岸、河谷冲积地和河口三角洲等各类生境。主要以虾、蟹、水生昆虫（昆虫幼虫）、蠕虫、甲壳类、软体动物、蛙、蝌蚪、蜥蜴、小鱼等小型脊椎动物和无脊椎动物为食。

居 留 型： 冬候鸟。

地理分布： 赤壁市内主要分布于黄盖湖及周边坑塘。

繁 殖 期： 5 ～ 7 月。

保护状况： 国家二级重点保护野生动物。

稀有指数： ★ ★ ★

鹭科 Ardeidae 夜鹭属 *Nycticorax*

47 夜鹭 *Nycticorax nycticorax*

形态特征：体长 58 ～ 66 厘米。成鸟：顶冠黑色，颈及胸白，颈背具两条白色丝
状羽，背黑，两翼及尾灰色。亚成鸟具褐色纵纹及点斑。雌鸟体型较
雄鸟小。繁殖期腿及眼呈红色。虹膜呈亚成鸟黄色，成鸟鲜红，嘴为
黑色，脚为污黄。幼鸟嘴为端黑色，基部黄绿色；虹膜呈黄色，眼为
绿色，脚为黄色。

生态习性：夜出型。晨、昏和夜间结群活动，白天结群隐藏于密林中僻静处，或
分散成小群栖息于僻静的山坡、水库或湖中小岛上的灌丛或高大树木
的枝叶丛中，偶尔也见有单独活动。栖息和活动于平原和低山丘陵地
区的溪流、水塘、江河、沼泽和水田地上。主要以鱼、蛙、虾、水生
昆虫等动物性食物为食。

居 留 型：夏候鸟。

地理分布：赤壁市内分布于黄盖湖、西凉湖、陆水湖以及各类湿地。

繁 殖 期：4 ～ 7 月。

保护状况：被列入《有重要生态、科学、社会价值的陆生野生动物名录》。

稀有指数：★

鹭科 Ardeidae　池鹭属 *Ardeola*

48　池鹭 *Ardeola bacchus*

形态特征： 体长 37 ～ 54 厘米。翼白色、身体具褐色纵纹。雌雄鸟同色，雌鸟体型略小。繁殖羽：头及颈深栗色，胸紫酱色。冬羽以及亚成鸟：站立时具褐色纵纹，飞行时体白而背部深褐色。虹膜呈褐色，嘴为黄色 (冬季)，尖端黑色，腿及脚为绿灰色。

生态习性： 常单独或成小群活动，有时也集成多达数十只的大群在一起。常栖息于稻田、池塘、湖泊、水库和沼泽湿地等水域，有时也见于水域附近的竹林和树上，以动物性食物为主，兼食少量植物性食物。

居 留 型： 夏候鸟。

地理分布： 赤壁市内分布于黄盖湖、西凉湖。

繁 殖 期： 3 ～ 7 月。

保护状况： 被列入《有重要生态、科学、社会价值的陆生野生动物名录》。

稀有指数： ★

鹭科 Ardeidae　牛背鹭属 *Bubulcus*

49　牛背鹭 *Bubulcus ibis*

形态特征：体长 48 ～ 53 厘米。雌雄同色。嘴厚，颈粗短，冬羽近全白，脚沾黄绿。繁殖期：头、颈、背等变浅黄，嘴及脚沾红。雄性成鸟繁殖羽期头、颈、上胸及背部中央的蓑羽呈淡黄至橙黄色，体的余部纯白。非繁殖羽：几全白色，仅部分鸟额部沾橙黄。虹膜呈黄色，嘴为黄色，脚为暗黄至近黑色。

生态习性：常成对三五小群活动，有时亦单独或集成数十只的大群。栖息于平原草地、牧场、湖泊、水库、山脚平原和低山水田、池塘、旱田和沼泽地。主要以昆虫为食，也食蜘蛛、黄鳝、蚂蟥和蛙等其他动物性食物。

居 留 型：夏候鸟。

地理分布：赤壁市内分布于黄盖湖、西凉湖。

繁 殖 期：4 ～ 7 月。

保护状况：被列入《有重要生态、科学、社会价值的陆生野生动物名录》。

稀有指数：★

鹭科 Ardeidae　鹭属 *Ardea*

50　苍鹭 *Ardea cinerea*

形态特征：体长 90 ～ 98 厘米。苍鹭为鹭类中体型最大者，嘴长而尖，颈细长，脚长；体羽主要呈青灰色。成鸟前额和颈白色，枕冠黑色。

生态习性：成对和成小群活动。栖息于江河、溪流、湖泊、水塘、海岸等水域岸边及其浅水处，也见于沼泽、稻田、山地、森林和平原荒漠上的水边浅水处和沼泽地上。主要以小型鱼类、泥鳅、虾、蝲蛄、蜻蜓幼虫、蜥蜴、蛙和昆虫等水生动物为食。

居 留 型：留鸟。

地理分布：赤壁市内分布于黄盖湖、西凉湖、陆水湖以及各类水域。

繁 殖 期：4 ～ 6 月。

保护状况：被列入《有重要生态、科学、社会价值的陆生野生动物名录》。

稀有指数：★

鹭科 Ardeidae　白鹭属 *Egretta*

51　白鹭 *Egretta garzetta*

形态特征：体长 50 ～ 60 厘米。雌雄同色，全身羽毛白色，繁殖期间枕部垂有两条细长的长翎作为饰羽，背和上胸部分披蓬松蓑羽，期后消失。具细长黑喙，黑腿，黄脚掌。

生态习性：单独、成对或集成小群活动的情况都能见到，偶尔也有数十只在一起的大群。栖息于沿海岛屿、海岸、海湾、河口及其沿海附近的江河、湖泊、水塘、溪流、水稻田和沼泽地带。主要以各种小型鱼类为食，也吃虾、蟹、蝌蚪和水生昆虫等动物性食物。

居 留 型：留鸟。

地理分布：赤壁市内分布于黄盖湖、西凉湖、陆水湖以及各类水域。

繁 殖 期：4 ～ 6 月。

保护状况：被列入《有重要生态、科学、社会价值的陆生野生动物名录》。

稀有指数：★

鹭科 Ardeidae 绿鹭属 *Butorides*

52 绿鹭 *Butorides striata*

形态特征：体长 38 ～ 48 厘米。额、头顶、枕、羽冠和眼下纹绿黑色。羽冠从枕部一直延伸到后枕下部，其中最后一枚羽毛特长。后颈、颈侧及颊纹灰色；额、喉白色。背及两肩披有窄长的青铜绿色的矛状羽，向后直达尾部。所有矛状羽均具有细的灰白色羽干纹。头具黑顶冠，枕冠亦黑色；上体蝉灰绿色；下体两侧银灰色。前额至后枕及冠羽墨绿黑色；眼后有一白斑，颊纹黑色，颚纹白色；后颈、颈侧和体侧烟灰色；背部披灰绿色矛状长羽，羽干纹灰白色；腰至尾上覆羽暗灰；尾黑色具青铜绿色光泽； 初级覆羽、初级飞羽黑褐色，羽端缀黄白色狭缘；次级飞羽，大、中覆羽铜绿色，有金属闪光；颏、喉和胸、腹部中央白色，斑杂灰色；两胁部灰色；尾下羽灰白色。虹膜金黄色，眼先裸露皮肤黄绿色，嘴缘褐色，脚和趾黄绿色。

生态习性：常单独活动。栖息于沟谷、河流、湖泊、水库林缘与灌木草丛中，有树木和灌丛的河流岸边。以水中生物为食，主要为鱼、虾以及其他小型无脊椎动物等。

居 留 型：留鸟。

地理分布：赤壁市内分布于黄盖湖、西凉湖。

繁 殖 期：4 ～ 6 月。

保护状况：被列入《有重要生态、科学、社会价值的陆生野生动物名录》。

稀有指数：★

十一、鹰形目

鹰科 Accipitridae　鸢属 *Milvus*

53　黑鸢 *Milvus migrans*

形态特征：体长 44 ～ 66 厘米。上体黑褐色，具黑色羽干纹和浅棕褐色羽缘；下体棕褐色，具黑褐色纵纹；初级飞羽基部白色，在翅下形成明显的斑块；尾羽具波形黑褐色横斑，尖端淡棕白色，外侧尾羽较中央尾羽稍长，呈浅叉状，两性相似。虹膜暗褐色，嘴黑色，蜡膜和下嘴基部黄绿色；脚和趾黄色或黄绿色，爪黑色。

生态习性：常单独在高空飞翔，秋季有时亦呈 3 ～ 10 只的小群，栖息于开阔平原、草地、荒原和低山丘陵地带，也常在城郊、村屯、田野、港湾、湖泊上空活动。主要以小鸟、鼠类、蛇、蛙、鱼、野兔、蜥蜴和昆虫等动物性食物为食，偶尔也吃家禽和腐尸。

居 留 型：留鸟。

地理分布：赤壁市内分布于陆水湖、黄盖湖。

繁 殖 期：4 ～ 7 月。

保护状况：国家二级重点保护野生动物。

稀有指数：★ ★

鹰科 Accipitridae 鵟属 *Buteo*

54 普通鵟 *Buteo buteo*

形态特征：中型猛禽，体长 42~54 厘米，翼展 122~137 厘米。上体深红褐色；脸侧皮黄具近红色细纹，栗色的髭纹显著；下体主要为暗褐色或淡褐色，具深棕色横斑或纵纹，尾羽为淡灰褐色，具有多道暗色横斑，飞翔时两翼宽阔，尾近端处常具黑色横纹。在高空翱翔时两翼略呈"V"形。

生态习性：常见在开阔平原、荒漠、旷野、开垦的耕作区、林缘草地和村庄上空盘旋翱翔。多单独活动，有时亦见 2~4 只在天空盘旋。活动主要在白天，性机警，视觉敏锐，善飞翔，每天大部分时间都在空中盘旋滑翔。通常营巢于林缘或森林中高大的树上，尤喜针叶松树，置巢于树冠上部近主干的枝桠上。也有的营巢于悬岩的洞穴中或陡峭的斜坡或悬崖上。

居 留 型：冬候鸟。

地理分布：赤壁市内分布于陆水湖。

繁 殖 期：4 ~ 7 月。

保护状况：国家二级重点保护野生动物。

稀有指数：★ ★ ★

十二、鸮形目

鸱鸮科 Strigidae　鸺鹠属 *Glaucidium*

55　斑头鸺鹠 *Glaucidium cuculoides*

形态特征：体长 20 ～ 26 厘米，是鸺鹠中个体最大者，面盘不明显，无耳羽簇。体羽褐色，头和上下体羽均具细的白色横斑；腹白色，下腹和肛周具宽阔的褐色纵纹，喉具一显著的白色斑。虹膜黄色，嘴黄绿色，基部较暗，蜡膜暗褐色，趾黄绿色，具刚毛状羽，爪近黑色。

生态习性：大多单独或成对活动。栖息于平原、低山丘陵，也出现于村寨和农田附近的疏林和树上。主要以蝗虫、甲虫、螳螂、蝉、蟋蟀、蚂蚁、蜻蜓、毛虫等各种昆虫和幼虫为食，也吃鼠类、小鸟、蚯蚓、蛙和蜥蜴等动物。

居 留 型：留鸟。

地理分布：赤壁市内分布于陆水湖、西凉湖、黄盖湖周边乔木林中。

繁 殖 期：3 ～ 6 月。

保护状况：国家二级保护动物。

稀有指数：★ ★ ★ ★

十三、犀鸟目

戴胜科 Upupidae　　戴胜属 *Upupa*

56　戴胜 *Upupa epops*

形态特征：体长 19 ～ 32 厘米。雌雄相似，具长而尖黑的耸立型粉棕色丝状冠羽。冠羽顶端有黑斑，冠羽平时折叠倒伏不显，直竖时像一把打开的折扇，随同鸣叫时起时伏。受惊、鸣叫或在地上觅食时，冠能耸起。头、上背、肩及下体粉棕，两翼及尾具黑白相间的条纹。嘴长且下弯。

生态习性：大多单独或成对活动。栖息在开阔的田园、园林、郊野的树干上，有时也长时间伫立在农舍房顶或墙头。大量捕食金针虫、蝼蛄、行军虫、步行虫和天牛幼虫等害虫，也取食蚯蚓和螺类。

居 留 型：留鸟。

地理分布：赤壁市内分布于陆水湖、黄盖湖周边居民点。

繁 殖 期：每年 5 ～ 6 月份繁殖。

保护状况：被列入《有重要生态、科学、社会价值的陆生野生动物名录》。

稀有指数：★★

十四、佛法僧目

翠鸟科 Alcedinidae　　翡翠属 *Halcyon*

57　白胸翡翠 *Halcyon smyrnensis*

形态特征：体长 26～30 厘米。颏、喉及胸部白色；头、颈及下体余部褐色；上背、
　　　　　翼及尾蓝色（晨光中看似青绿色）；翼上覆羽上部及翼端黑色。 虹膜
　　　　　深褐色，嘴深红色，脚红色。

生态习性：常单独活动。栖息于山地森林和山脚平原河流、湖泊岸边，也出现于
　　　　　池塘、水库、沼泽和稻田等水域岸边，有时亦远离水域活动。主要以鱼、
　　　　　蟹、软体动物和水生昆虫为食。

居 留 型：留鸟。

地理分布：赤壁市内分布于西凉湖、黄盖湖。

繁 殖 期：3～6 月。

保护状况：国家二级重点保护野生动物。

稀有指数：★★★

翠鸟科 Alcedinidae　翡翠属 *Halcyon*

58　蓝翡翠 *Halcyon pileata*

形态特征： 体长 28 ～ 32 厘米。以头黑为特征。翼上覆羽黑色，白色围脖，上体蓝色或紫色，下体棕色，嘴和脚均为红色。飞行时白色翼斑显见。羽色艳丽，鸣声洪亮。以鱼为食，也吃虾、螃蟹、蜻蜓和各种昆虫。

生态习性： 常单独活动。栖息于林中溪流以及山脚与平原地带的河流、水塘和沼泽地带。主要以小鱼、虾、蟹和水生昆虫等水栖动物为食。

居 留 型： 留鸟。

地理分布： 赤壁市内分布于黄盖湖、西凉湖。

繁 殖 期： 4 ～ 6 月。

保护状况： 被列入《有重要生态、科学、社会价值的陆生野生动物名录》。

稀有指数： ★★★

翠鸟科 Alcedinidae　翠鸟属 *Alcedo*

59　普通翠鸟 *Alcedo atthis*

形态特征：体长 16～18 厘米。雌雄鸟嘴的颜色不一样，此外雌鸟上体羽色较雄鸟稍淡，多蓝色，少绿色，头顶不为绿黑色而呈灰蓝色；颈侧具白色点斑；下体橙棕色，颏白。整体体色较淡，耳覆羽棕色，翅和尾较蓝，耳后有一白斑；胸、腹棕红色，但较雄鸟为淡，且胸无灰色。

生态习性：单独或成对活动。主要栖息于林区溪流、平原河谷、水库、水塘甚至水田岸边。主要以小鱼、小虾为食。

居 留 型：留鸟。

地理分布：赤壁市内各类型湿地广泛分布。

繁 殖 期：5～8 月。

保护状况：被列入《有重要生态、科学、社会价值的陆生野生动物名录》。

稀有指数：★

翠鸟科 Alcedinidae　鱼狗属 *Ceryle*

60　冠鱼狗 *Ceryle lugubris*

形态特征：体长 34 ～ 40 厘米。以头黑为特征。翼上覆羽黑色，白色围脖，上体
　　　　　蓝色或紫色，下体棕色，嘴和脚均为红色。飞行时白色翼斑显见。羽
　　　　　色艳丽，鸣声洪亮。

生态习性：常单独活动。栖息于林中溪流、山脚平原、灌丛或疏林、水清澈而缓
　　　　　流的小河、溪涧、湖泊以及灌溉渠等水域。食物以小鱼为主，兼吃甲
　　　　　壳类和多种水生昆虫及其幼虫，也啄食小型蛙类和少量水生植物。

居 留 型：留鸟。

地理分布：赤壁市内分布于黄盖湖、西凉湖。

繁 殖 期：5 ～ 6 月。

保护状况：被列入《有重要生态、科学、社会价值的陆生野生动物名录》。

稀有指数：★★

翠鸟科 Alcedinidae　鱼狗属 *Ceryle*

61　斑鱼狗 *Ceryle rudis*

形态特征：体长 27 ～ 31 厘米。外形和冠鱼狗非常相似，通体呈黑白斑杂状，但体型较小，头顶冠羽较短。尾白色，具宽阔的黑色亚端斑，翅上有宽阔的白色翅带，飞翔时极明显。下体白色，雄鸟有两条黑色胸带，前面一条较宽，后面一条较窄，雌鸟仅一条胸带。白色颈环不完整，在后颈中断。具白色眉纹。

生态习性：成对或结群活动于较大水体。主要栖息于低山和平原溪流、河流、湖泊、运河等开阔水域岸边。以小鱼为主，兼吃甲壳类和多种水生昆虫及其幼虫，也啄食小型蛙类和少量水生植物。

居 留 型：留鸟。

地理分布：赤壁市内分布于黄盖湖、西凉湖。

繁 殖 期：3 ～ 5 月。

保护状况：被列入《有重要生态、科学、社会价值的陆生野生动物名录》。

稀有指数：★ ★

十五、隼形目

隼科 Falconidae　隼属 *Falco*

62　红隼 *Falco tinnunculus*

形态特征：体长 30～37 厘米；雄鸟头顶及颈背灰色，尾蓝灰色无横斑，上体赤褐色略具黑色横斑，下体皮黄而具黑色纵纹；雌鸟体型略大，上体全褐色，比雄鸟少赤褐色而多粗横斑。虹膜褐色，嘴灰色而端黑色，蜡膜黄色，脚黄色。

生态习性：多单独活动。栖息于山地森林、森林苔原、低山丘陵、草原、森林平原、山区植物稀疏的混合林、开垦耕地、旷野灌丛草地、林缘、林间空地、疏林和有稀疏树木生长的旷野、河谷和农田地区。野生红隼食谱中有老鼠、雀形目鸟类、蛙、蜥蜴、松鼠、蛇等小型脊椎动物。

居 留 型：留鸟。

地理分布：赤壁市内分布于黄盖湖、西凉湖。

繁 殖 期：5～7 月。

保护状况：国家二级重点保护野生动物。

稀有指数：★ ★ ★

十六、雀形目

伯劳科 Laniidae　伯劳属 *Lanius*

63　红尾伯劳 *Lanius cristatus*

形态特征：体长 17 ～ 20 厘米。背羽与尾羽均为褐色，初级飞羽不具翅斑。雄性成鸟额至头顶前部为淡灰色，自后头至上背、肩羽逐渐转为褐色。雌性成鸟与雄鸟相似但棕色较淡，贯眼纹为黑褐色。

生态习性：单独或成对活动。主要栖息于低山丘陵和山脚平原地带的灌丛、疏林和林缘地带。以昆虫等动物性食物为食，偶尔吃少量草籽。

居 留 型：夏候鸟。

地理分布：赤壁市内分布于陆水湖。

繁 殖 期：5 ～ 6 月。

保护状况：被列入《有重要生态、科学、社会价值的陆生野生动物名录》。

稀有指数：★

伯劳科 Laniidae　伯劳属 *Lanius*

64　棕背伯劳 *Lanius schach*

形态特征：体长 20～25 厘米，黑翅，尾长。额、眼纹、两翼及尾黑色，翼有一白色斑，头顶及颈背灰色或灰黑色，背、腰及体侧红色，颏、喉、胸及腹中心部位白色。

生态习性：除繁殖期成对活动外，多单独活动。主要栖息于低山丘陵和山脚平原地区，是一种肉食性鸟类，主要以昆虫等动物性食物为食。

居 留 型：留鸟。

地理分布：广泛分布于赤壁市内各区域。

繁 殖 期：4～7 月。

保护状况：被列入《有重要生态、科学、社会价值的陆生野生动物名录》。

稀有指数：★

鸦科 Corvidae　鹊属 *Pica*

65　喜鹊 *Pica pica*

形态特征：体长 40 ～ 50 厘米。雌雄羽色相似，头、颈、背和尾上覆羽辉黑色，后头及后颈紫色，背部蓝绿色；肩羽纯白色；腰灰色和白色相杂状。翅黑色，颈、喉和胸黑色，喉部羽有时具白色轴纹；上腹和胁纯白色；下腹和覆腿羽污黑色；腋羽和翅下覆羽淡白色。

生态习性：除繁殖期间成对活动外，常成 3 ～ 5 只的小群活动，秋冬季节常集成数十只的大群。适应能力比较强，在山区、平原都有栖息，无论是荒野、农田、郊区、城市、公园和花园都能看到它们的身影。食性较杂，食物组成随季节和环境而变化，夏季主要以昆虫等动物性食物为食，其他季节则主要以植物果实和种子为食。

居 留 型：留鸟。

地理分布：广泛分布于赤壁市内各区域。

繁 殖 期：3 ～ 5 月。

保护状况：被列入《有重要生态、科学、社会价值的陆生野生动物名录》。

稀有指数：★

鸦科 Corvidae　鸦属 *Corvus*

66　大嘴乌鸦 *Corvus macrorhynchos*

形态特征：雌雄相似。全身羽毛黑色，除头顶、枕、后颈和颈侧光泽较弱外，其他包括背、肩、腰、翼上覆羽和内侧飞羽在内的上体均具紫蓝色金属光泽。喉部羽毛呈披针形，具有强烈的绿蓝色或暗蓝色金属光泽。其余下体黑色，具紫蓝色或蓝绿色光泽，但明显较上体弱。喙粗且厚，上喙前缘与前额几成直角。额头特别突出，在栖息状态下，这一点是辨识本物种的重要依据。大嘴乌鸦与小嘴乌鸦的区别在喙粗厚且尾圆，头顶更显拱圆形。

生态习性：对环境的适应能力强，喜欢在林间路旁、河谷、海岸、农田、沼泽和草地上活动，城市常见。除繁殖期间成对活动外，其他季节多成 3~5 只或 10 多只的小群活动。性机警，常伸颈张望和注意观察四周动静。食性杂，主要以蝗虫、金龟甲、金针虫、蝼蛄、蜻蜓等昆虫为食，也吃植物叶、芽、果实、种子等。叫声单调粗犷，也作低沉的咯咯声。

居 留 型：留鸟。

地理分布：赤壁市内黄盖湖、陆水湖、西凉湖均有分布。

繁 殖 期：3 ~ 6 月。

保护状况：无危。

稀有指数：★

百灵科 Alaudidae　云雀属 *Alauda*

67　云雀 *Alauda arvensis*

形态特征：雌雄形态相似，上体大都呈砂棕色，各羽纵贯以宽阔的黑褐色轴纹；上背和尾上覆羽的黑褐纵纹较细，棕色因而较显著。后头羽毛稍有延长，略成羽冠状。两翅覆羽黑褐色，而具棕色边缘和先端；眼先和眉纹棕白色；颊和耳羽均淡棕色，而杂以细长的黑纹；颧区微具褐纹；胸棕白色，密布黑褐色粗纹；下体余部纯白色，两胁微有棕色渲染，有时还具褐纹；虹膜暗褐色；嘴角褐色。

生态习性：喜栖息于开阔的环境，多集群在地面奔跑，从不见栖息树枝上。食性较杂，吃杂草种子和废谷物，也吃无脊椎动物，如甲虫、毛虫、蜘蛛、千足虫、蚯蚓和蛞蝓。歌声柔美嘹亮，活泼悦耳，是长期被捕捉作为"笼养鸟"的种类，现已被中国纳入保护范围。

居 留 型：冬候鸟。

地理分布：赤壁市内主要分布于黄盖湖、陆水湖。

繁 殖 期：4～7月。

保护状况：国家二级重点保护野生动物。

稀有指数：★★

扇尾莺科 Cisticolidae　鹪莺属 *Prinia*

68　纯色山鹪莺 *Prinia inornata*

形态特征：体长 11～14 厘米。成鸟夏羽头部浓灰褐色，额部棕色明显，眼先、眉纹和眼周棕白色，颊和耳羽淡褐色；上体灰褐色略沾棕色，腰和背泛橄榄色；凸形尾较长，具不清晰的暗褐横斑，外侧尾羽具不甚明显的黑色亚端斑和白色端斑；翼上覆羽和飞羽褐色，外缘红棕色；下体白色，胸胁和尾下覆羽略沾皮黄色；虹膜淡橙褐色，上喙深褐色，下喙为角黄色，脚肉色。成鸟冬羽上体偏红棕色，下体棕色，颏、喉较淡，尾羽较长。

生态习性：结小群活动。栖息于高草丛、芦苇地、沼泽、玉米地及稻田。主要以甲虫、蚂蚁等鞘翅目、膜翅目、鳞翅目昆虫和昆虫幼虫为食，也吃少量小型无脊椎动物和杂草种子等植物性食物。

居　留　型：留鸟。

地理分布：广泛分布于赤壁市内湿地周边灌丛中。

繁　殖　期：4～6 月。

保护状况：被列入《有重要生态、科学、社会价值的陆生野生动物名录》。

稀有指数：★

鹎科 Pycnonotidae　鹦嘴鹎属 *Spizixos*

69　领雀嘴鹎 *Spizixos semitorques*

形态特征：体长 21 ～ 23 厘米。嘴为象牙色。具短羽冠，似凤头雀嘴鹎但冠羽较短，头及喉偏黑，颈背灰色。特征为嘴基周围近白，脸颊具白色细纹，尾绿而尾端黑。虹膜呈褐色，嘴为浅黄色，脚偏粉色。

生态习性：常小群体活动。主要栖息于低山丘陵和山脚平原地区，有时也出现在庭院、果园附近的丛林与灌丛中。主要食物为野果，如莛、野葡萄、樱桃、长春藤果实、五加科果实、鸡屎藤果实、蔷薇果实、麻子、禾本科种子、豆科种子及嫩叶等。动物性食物主要有鞘翅目和其他昆虫。

居 留 型：留鸟。

地理分布：广泛分布于赤壁市内湿地周边乔木林中。

繁 殖 期：5 ～ 7 月。

保护状况：被列入《有重要生态、科学、社会价值的陆生野生动物名录》。

稀有指数：★

鹎科 Pycnonotidae　鹎属 *Pycnonotus*

70　黄臀鹎 *Pycnonotus xanthorrhous*

形态特征：体长 17 ～ 21 厘米。额至头顶黑色，无羽冠或微具短而不明显的羽冠。下嘴基部两侧各有一小红斑，耳羽灰褐色或棕褐色，上体土褐色或褐色。颏、喉白色，其余下体近白色，胸具灰褐色横带，尾下覆羽鲜黄色。

生态习性：通常 3 ～ 5 只一群，亦见有 10 多只至 20 只的大群。主要栖息于中低山和山脚平坝与丘陵地区的次生阔叶林、栎林、混交林和林缘地区，尤其喜欢沟谷林、林缘疏林灌丛、稀树草坡等开阔地区。也出现于竹林、果园、农田地边与村落附近的小块丛林和灌木丛中。主要以植物果实与种子为食，也吃昆虫等动物性食物，但幼鸟几全以昆虫为食。

居 留 型：留鸟。

地理分布：广泛分布于赤壁市内湿地周边乔木林中。

繁 殖 期：4 ～ 7 月。

保护状况：被列入《有重要生态、科学、社会价值的陆生野生动物名录》。

稀有指数：★

鹎科 Pycnonotidae　鹎属 *Pycnonotus*

71　白头鹎 *Pycnonotus sinensis*

形态特征：体长 18 ～ 19 厘米。前额至头顶纯黑色，两眼上方至后枕白色，形成一白色枕环，耳羽后部有一个白斑。上体褐灰或橄榄灰色，腹白色具黄绿色纵纹。

生态习性：常成 3 ～ 5 只至 10 多只的小群活动，冬季有时亦集成 20 多只的大群。春夏两季以动物性食物为主，秋冬季则以植物性食料为主。动物性食物中以鞘翅目昆虫为最多，如鼻甲、步行甲、瓢甲。植物性食物多为双子叶植物，也食一部分浆果和杂草种子，如樱桃、乌桕、葡萄等。

居 留 型：留鸟。

地理分布：广泛分布于赤壁市内湿地周边乔木林中。

繁 殖 期：4 ～ 6 月。

保护状况：被列入《有重要生态、科学、社会价值的陆生野生动物名录》。

稀有指数：★

噪鹛科 Leiothrichidae　噪鹛属 *Garrulax*

72　黑脸噪鹛 *Garrulax petspicillatus*

形态特征：体长 27 ～ 32 厘米。头顶至后颈褐灰色；额、眼先、眼周、颊、耳羽黑色，
　　　　　形成一条围绕额部至头侧的宽阔黑带；背暗灰褐色，至尾上覆羽转为土褐
　　　　　色；颏、喉灰褐色，胸、腹棕白色，尾下覆羽棕黄色。

生态习性：多结小群活动。主要栖息于平原和低山丘陵地带灌丛与竹丛中，也出入
　　　　　于庭院、人工松柏林、农田地边和村寨附近的疏林及灌丛内，偶尔也见
　　　　　于高山和茂密的森林。属杂食性，但主要以昆虫为食，也吃其他无脊椎
　　　　　动物、植物果实、种子和部分农作物。

居 留 型：留鸟。

地理分布：广泛分布于赤壁市内湿地周边乔木林、灌丛中。

繁 殖 期：3 ～ 8 月。

保护状况：被列入《有重要生态、科学、社会价值的陆生野生动物名录》。

稀有指数：★

噪鹛科 Leiothrichidae　噪鹛属 *Garrulax*

73　白颊噪鹛 *Garrulax sannio*

形态特征：头顶至后颈深栗褐色；眉纹白色，故亦称为白眉噪鹛；眼后至耳羽褐黑色；眼先及颊均白而带些棕色，尤其是眼先；背面棕褐色；两翅表面亦然，初级飞羽的外翈变淡而沾棕色；尾深棕褐色；喉和胸与头顶同色，但较浅淡；腹淡棕色，两胁和胫羽转暗棕色；尾下覆羽红棕色。

生态习性：除繁殖期成对活动外，其他季节多成群活动，集群个体从 10 余只到 20 多只不等，有时也见与黑脸噪鹛混群。栖息于平原至海拔 2000 余米的高山地区，活动于山丘、山谷、山脚以及田野的灌丛和矮树丛间。为杂食性鸟类，但主要以昆虫为食。

居　留　型：留鸟。

地理分布：广泛分布于赤壁市内湿地周边乔木林、灌丛中。

繁　殖　期：3 ～ 7 月。

保护状况：被列入《有重要生态、科学、社会价值的陆生野生动物名录》。

稀有指数：★

噪鹛科 Leiothrichidae 噪鹛属 *Garrulax*

74 画眉 *Garrulax canorus*

形态特征：雌雄形态相似，难以区分，一般以鸣声鉴别雌雄。身体修长，略呈两头尖中间大的梭子形，具有流线形的外廓。一般上体羽毛呈橄榄色，下腹羽毛呈绿褐色或黄褐色，下腹部中央小部分羽毛呈灰白色，没有斑纹；头、胸、颈部的羽毛和尾羽颜色较深，并有黑色条纹或横纹。它的眼圈为白色，眼边各有一条白眉，匀称地由前向后延伸，并多呈蛾眉状，十分好看，故此得名画眉。

生态习性：栖息于山丘和村落附近的灌丛或竹林中，机敏而胆怯，常在林下的草丛中觅食，不善作远距离飞翔。食性杂，以昆虫为主，包括蝗虫、椿象、松毛虫、金龟甲、鳞翅目的天社蛾幼虫和其他蛾类的幼虫等，植物性食物主要为种子、草籽、野果等。画眉擅长鸣唱，雄鸟在繁殖期特别擅长引吭高歌，歌声悠扬婉转，持久不断，并多变化，非常动听，故常饲作笼鸟。

居 留 型：留鸟。

地理分布：赤壁市内主要分布于黄盖湖、陆水湖。

繁 殖 期：4 ～ 7 月。

保护状况：国家二级重点保护野生动物。

稀有指数：★★

鹟科 Muscicapidae　鸫属 *Turdus*

75　乌鸫 *Turdus merula*

形态特征：体长 21 ～ 30 厘米。两性相似，体型大小适中。雄性的乌鸫除了黄色的眼圈和喙外，全身都是黑色；雌性和初生的乌鸫没有黄色的眼圈，但有一身褐色的羽毛和喙；虹膜褐色，鸟喙橙黄色或黄色，脚黑色。通体黑色，嘴黄色，脚黑褐色。虹膜呈褐色，嘴黄或具褐端，脚黑褐色。

生态习性：结群或单独活动。栖息于次生林、阔叶林、针阔叶混交林和针叶林等各种不同类型的森林中。主要以昆虫幼虫，如毛虫、孑孓、蝇蛆等为食，以及淡水螺、蟋蟀等，也食少量植物性食物。

居 留 型：留鸟。

地理分布：赤壁市内分布于湿地周边居民点、乔木林中。

繁 殖 期：4 ～ 7 月。

保护状况：被列入《有重要生态、科学、社会价值的陆生野生动物名录》。

稀有指数：★

鹟科 Muscicapidae　鸲属 *Tarsiger*

76　红胁蓝尾鸲 *Tarsiger cyanurus*

形态特征：体长 13 ～ 15 厘米。橘黄色两胁与白色腹部及臀成对比。雄鸟上体蓝色，眉纹白；亚成鸟及雌鸟褐色，尾蓝。雌鸟与雌性蓝歌鸲的区别在于喉褐色而具白色中线，而非喉全白，两胁橘黄而非皮黄。

生态习性：常单独或成对活动，有时亦见成 3 ～ 5 只的小群。繁殖期间主要栖息于海拔 1000 米以上的山地针叶林、岳桦林、针阔叶混交林和山上部林缘疏林灌丛地带，尤以潮湿的冷杉、岳桦林下较常见。迁徙季节和冬季亦见于低山丘陵和山脚平原地带的次生林，林缘疏林、道旁和溪边疏林灌丛中，有时甚至出现于果园和村寨附近的疏林、灌丛和草坡。除吃昆虫外，也吃少量植物果实与种子等植物性食物。

居 留 型：旅鸟。

地理分布：赤壁市内分布于湿地周边灌丛中。

繁 殖 期：2 ～ 5 月。

保护状况：被列入《有重要生态、科学、社会价值的陆生野生动物名录》。

稀有指数：★

鹟科 Muscicapidae　鹊鸲属 *Copsychus*

77　鹊鸲 *Copsychus saularis*

形态特征：体长 18 ～ 23 厘米。雄鸟上体大都黑色；翅具白斑；下体前黑后白，黑白相杂很似喜鹊，故得名鹊鸲。雌鸟灰、褐色替代雄鸟的黑色部分。

生态习性：单个或成对出没。主要栖息于海拔 2000 米以下的低山、丘陵和山脚平原地带的次生林、竹林、林缘疏林灌丛和小块丛林等开阔地方，尤以村寨和居民点附近的小块丛林、灌丛、果园以及耕地、路边和房前屋后树林与竹林较喜欢，甚至出现于城市公园和庭院树上。主要以昆虫为食，兼吃少量草籽和野果。

居 留 型：留鸟。

地理分布：赤壁市内分布于湿地周边居民点附近。

繁 殖 期：4 ～ 7 月。

保护状况：被列入《有重要生态、科学、社会价值的陆生野生动物名录》。

稀有指数：★

鹟科 Muscicapidae　红尾鸲属 *Phoenicurus*

78　北红尾鸲 *Phoenicurus auroreus*

形态特征：体长 13 ～ 15 厘米。其头顶、后颈至上背灰色或深灰色，个别为灰白色，下背黑色，中央一对尾羽黑色，最外侧一对尾羽外翈具黑褐色羽缘，其余尾羽橙棕色。雄鸟头部灰白，两翅黑色，具明显的白色翼斑，腰和尾羽棕色，中央尾羽黑褐色；颏、喉、颈侧均黑，下体余部棕色。雌鸟除尾羽棕色外，其余部分以灰褐色为主。

生态习性：常成对或单独活动。主要栖息于山地、森林、河谷、林缘和居民点附近的灌丛与低矮树丛中。主要以昆虫为食。

居 留 型：旅鸟。

地理分布：赤壁市内分布于湿地周边。

繁 殖 期：4 ～ 7 月。

保护状况：被列入《有重要生态、科学、社会价值的陆生野生动物名录》。

稀有指数：★

鹟科 Muscicapidae　水鸲属 *Rhyacornis*

79　红尾水鸲 *Rhyacornis fuliginosa*

形态特征：体长 11 ～ 14 厘米。雄鸟通体大都呈暗灰蓝色；翅黑褐色；尾羽和尾的上、下覆羽均为栗红色。雌鸟上体灰褐色；翅褐色，具两道白色点状斑；尾羽白色，端部及羽缘褐色，上、下覆羽纯白色；下体灰色，杂以不规则的白色细斑。

生态习性：红尾水鸲常单独或成对活动。栖息于山泉溪涧中或山区溪流、河谷等地。以昆虫、植物果实、嫩叶及草籽等为食。

居 留 型：冬候鸟。

地理分布：赤壁市内分布于湿地周边。

繁 殖 期：3 ～ 7 月。

保护状况：被列入《有重要生态、科学、社会价值的陆生野生动物名录》。

稀有指数：★

椋鸟科 Sturnidae　八哥属 *Acridotheres*

80　八哥 *Acridotheres cristatellus*

形态特征： 体长 21.5 ～ 27.5 厘米，通体黑色，冠羽突出，翅有大型白斑。在飞行过程中两翅中央有明显的白斑，从下方仰视，两块白斑呈 "八" 字形。两块白斑与黑色的体羽形成鲜明的对比是八哥的一个重要辨识特征，尾羽端部白色。

生态习性： 喜结群活动。主要栖息于海拔 2000 米以下的低山丘陵和山脚平原地带的次生阔叶林和林缘疏林中，也栖息于农田、果园附近的大树上，有时还栖息于屋脊上或田间地头。喜群居，常数十只成群栖息于大树上。除繁殖季节外，多成群活动。为杂食性鸟类，常尾随耕田的牛，取食翻耕出来的蚯蚓、蝗虫、蝼蛄等，也在树上啄食榕果、乌桕籽、悬钩子等。

居 留 型： 留鸟。

地理分布： 赤壁市内分布于湿地周边居民点。

繁 殖 期： 4 ～ 8 月。

保护状况： 被列入《有重要生态、科学、社会价值的陆生野生动物名录》。

稀有指数： ★

梅花雀科 Estrildidae 文鸟属 *Lonchura*

81 白腰文鸟 *Lonchura striata*

形态特征：体长 10 ～ 12 厘米。雌雄羽色相似，上体深褐，额、头顶前部、眼先、眼周、颊和嘴基均为黑褐色，头顶后部至背和两肩暗沙褐色或灰褐色，具白色或皮黄白色羽干纹。特征为具尖形的黑色尾，腰白，腹部皮黄白色。背上有白色纵纹，下体具细小的皮黄色鳞状斑及细纹。

生态习性：好结群，除繁殖期间多成对活动外，其他季节多成群。栖息于海拔1500 米以下的低山、丘陵和山脚平原地带，尤以溪流、苇塘、农田耕地和村落附近较常见。以植物种子为主食，特别喜欢稻谷。在夏季也吃一些昆虫和未熟的谷穗、草穗。

居 留 型：留鸟。

地理分布：赤壁市内分布于湿地周边农田及禾本科植物灌丛。

繁 殖 期：3 ～ 8 月。

保护状况：被列入《有重要生态、科学、社会价值的陆生野生动物名录》。

稀有指数：★

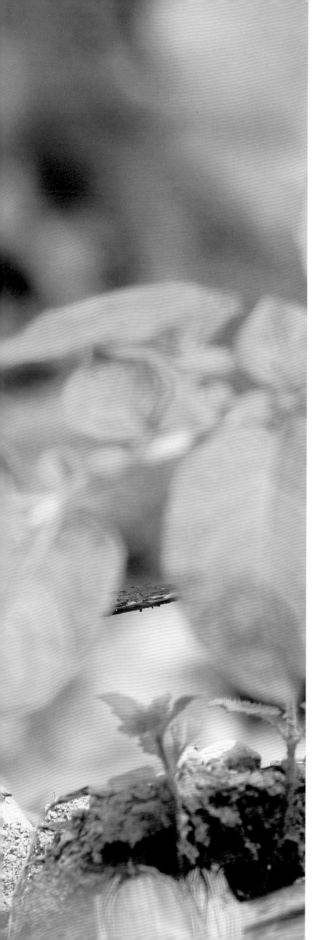

雀科 Passeridae　麻雀属 *Passer*

82　山麻雀 *Passer rutilans*

形态特征：体长 11 ～ 14 厘米。雄性成鸟上体栗红色，上背杂以黑色条纹；尾羽黑褐色；两翅褐黑色；大覆羽羽缘浅淡，端部多棕白色；中覆羽具宽阔的白色端斑；眼先黑色；耳区暗灰黄，微缀黑色；颏和喉部中央黑色；喉侧和颈侧淡黄色；下体余部淡灰黄色。雌性成鸟上体暗灰色，上背杂以黑色条纹；小覆羽以及下背和腰沾棕色；眉纹土黄，直伸达后颈；眼先至耳羽暗褐色；下体余部淡灰黄色；尾下覆羽淡灰色，羽缘为淡黄色。

生态习性：性喜结群，除繁殖期间单独或成对活动外，其他季节多成小群。栖息于低山丘陵和山脚平原地带的各类森林和灌丛中。杂食性鸟类，主要以植物性食物和昆虫为食。

居 留 型：留鸟。

地理分布：赤壁市内分布于湿地周边农田灌丛。

繁 殖 期：4 ～ 8 月。

保护状况：被列入《有重要生态、科学、社会价值的陆生野生动物名录》。

稀有指数：★

雀科 Passeridae　麻雀属 *Passer*

83　麻雀 *Passer montanus*

形态特征：体长 12 ～ 15 厘米。体形较为矮圆；嘴圆锥形，黑色；额、头顶至后颈栗褐色，头侧和颈侧白色；颏及喉黑色，颈背具完整灰白色领环；上体棕褐色，背、肩具黑色粗纵纹；羽毛黑褐色；下体皮黄灰色；尾黑褐色，具褐色羽缘；脚粉褐色。

生态习性：性喜结群，除繁殖期间单独或成对活动外，其他季节多成小群。栖息于低山丘陵和山脚平原地带的各类森林和灌丛中。杂食性鸟类，主要以植物性食物和昆虫为食。

居 留 型：留鸟。

地理分布：赤壁市内分布于各类湿地周边居民点、农田及灌丛。

繁 殖 期：4 ～ 8 月。

保护状况：被列入《有重要生态、科学、社会价值的陆生野生动物名录》。

稀有指数：★

鹡鸰科 Motacillidae　鹡鸰属 *Motacilla*

84　灰鹡鸰 *Motacilla cinerea*

形态特征：体长 16 ～ 20 厘米，上体灰色，头部具一白色眉纹，雄性夏季颏黑色，冬季白色，雌性颏四季均为白色，腰和尾上覆羽黄色，尾较长，中央尾羽黑色，翼上覆羽黑色，具白色翼斑，眼、嘴均为黑色，脚粉红色。

生态习性：常单独或成对活动，有时也集成小群或与白鹡鸰混群。主要栖息于溪流、河谷、湖泊、水塘、沼泽等水域岸边或水域附近的草地、农田、住宅和林区居民点。主要以昆虫为食。

居 留 型：留鸟。

地理分布：赤壁市内分布于各类水域周边。

繁 殖 期：4 ～ 7 月。

保护状况：被列入《有重要生态、科学、社会价值的陆生野生动物名录》。

稀有指数：★

鹡鸰科 Motacillidae　　鹡鸰属 *Motacilla*

85　白鹡鸰 *Motacilla alba*

形态特征：体长 16.5 ～ 18 厘米。前额和脸颊白色，头顶和后颈黑色。体羽上体灰色，下体白，两翼及尾黑白相间。冬季头后、颈背及胸具黑色斑纹，但不如繁殖期扩展。特征为通体黑白相间，上体大都黑色，下体除胸部有黑斑外，纯白；尾羽较长呈黑色，最外侧两对尾羽，除内翈近基处具黑褐色羽缘外皆纯白。

生态习性：常单独、成对或成 3 ～ 5 只的小群活动。迁徙期间也见成 10 多只至 20 余只的大群。主要栖息于河流、湖泊、水库、水塘等水域岸边，也栖息于农田、湿草原、沼泽等湿地。主要以昆虫为食。

居 留 型：留鸟。

地理分布：赤壁市内分布于各类水域周边。

繁 殖 期：4 ～ 7 月。

保护状况：被列入《有重要生态、科学、社会价值的陆生野生动物名录》。

稀有指数：★

鹡鸰科 Motacillidae　鹡鸰属 *Motacilla*

86　黄头鹡鸰 *Motacilla citreola*

形态特征：体长约 18 厘米，喙较细长，先端具缺刻。雄性成鸟头部鲜黄色，背及两肩黑色，腰暗灰色；尾羽黑褐色，最外侧两对尾羽具大型的楔状白斑；翅黑褐色，中覆羽和大覆羽先端白色，初级飞羽及次级飞羽外翈具灰白色狭缘，内侧次级飞羽外翈具宽的白边，形成翅上的白色斑纹；整个下体辉黄色。雌性成鸟头顶黄色，上体黑灰色，后颈及背常杂黑色羽端；下体黄色较淡。

生态习性：常成对或成小群活动，迁徙季节和冬季有时也集成大群。晚上多成群栖息。太阳出来后即开始活动，常沿水边小跑追捕食物。栖息时尾常上下摆动。主要栖息于湖畔、河边、农田、草地、沼泽等各类生境中，以鳞翅目、鞘翅目、双翅目、膜翅目、半翅目等昆虫为食，偶尔也吃少量植物性食物。

居 留 型：夏候鸟。

地理分布：赤壁市内分布于陆水湖、黄盖湖。

繁 殖 期：4～7 月。

保护状况：被列入《有重要生态、科学、社会价值的陆生野生动物名录》。

稀有指数：★

燕雀科 Fringillidae　燕雀属 *Fringilla*

87　燕雀 *Fringilla montifringilla*

形态特征：嘴粗壮而尖，呈圆锥状，基部黄色，先端黑色；虹膜褐色，喙黄色，喙端黑色。雄鸟繁殖羽从头至背灰黑色，背具黄褐色羽缘；肩、翅上中覆羽、大覆羽尖端、腰和尾上覆羽白色；颏、喉、胸橙黄色，腹至尾下覆羽白色，两胁淡棕色而具黑色斑点；两翅和尾黑色，翅上具白斑，飞羽具皮黄色外侧羽缘。雌鸟体色较浅淡，上体褐色具有黑色斑点，头顶和枕具窄的黑色羽缘，头侧和颈侧灰色，腰白色。

生态习性：栖息环境广泛，从平原、丘陵到山区都有，迁徙时也到村庄附近农田中。性喜群居，尤其在迁徙时多结成大群。杂食性鸟，以草籽、果实和农作物为食，繁殖期则主要吃昆虫。

居　留　型：冬候鸟。

地理分布：赤壁市内分布于陆水湖、黄盖湖。

繁　殖　期：5～7月。

保护状况：被列入《有重要生态、科学、社会价值的陆生野生动物名录》。

稀有指数：★

居 留 型：冬候鸟。

地理分布：赤壁市内分布于陆水湖、黄盖湖。

繁 殖 期：5～7月。

保护状况：被列入《有重要生态、科学、社会价值的陆生野生动物名录》。

稀有指数：★

燕雀科 Fringillidae   金翅雀属 *Carduelis*

88 黄雀 *Carduelis spinus*

形态特征：雄鸟额、头顶和枕部黑色，羽缘缀黄绿色，贯眼纹短，黑色；后颈和肩背为橄榄黄绿色；腰鲜黄色；尾羽黑褐色；下体和喉中央黑色，喉侧、颈侧、胸至上腹鲜黄色，其余下体白色；两胁和尾下覆羽略缀暗色纵纹。雌鸟似雄鸟，但体色较暗淡，头顶无黑色，头顶至背为灰橄榄黄色；腰黄绿色，上体均缀有暗色纵纹；下体为苍淡的灰黄色。幼鸟与雌鸟相似，但色较褐而少黄色，下体多呈白色。

生态习性：中国有名的笼鸟之一。其羽色鲜丽，姿态优美，并有委婉动听的歌声，又易于驯养，故南北各地多捕养。山区多栖息在针阔混交林和针叶林中；平原多在杂木林和河滩的丛林中，有时也到公园和苗圃中。除繁殖期成对生活外，常集结成几十只的群，春秋季迁徙时见有集成大群的现象。平常游荡时喜落于茂密的树顶上，常一鸟先飞，而后群体跟着前往。飞行快速，直线前进。能啄食大量害虫和野生草籽，有益于农林。

居 留 型：冬候鸟。

地理分布：赤壁市内分布于陆水湖、黄盖湖。

繁 殖 期：5～7月。

保护状况：被列入《有重要生态、科学、社会价值的陆生野生动物名录》。

稀有指数：★

居 留 型：冬候鸟。

地理分布：赤壁市内分布于陆水湖、黄盖湖。

繁 殖 期：5～7月。

保护状况：被列入《有重要生态、科学、社会价值的陆生野生动物名录》。

稀有指数：★

鹀科 Emberizidae　鹀属 *Emberiza*

89　小鹀 *Emberiza pusilla*

形态特征：体长 12～14 厘米。雄鸟繁殖期眼先、头侧耳羽栗色，在头部形成明显的栗色斑；冠纹栗色，侧冠纹黑色；眉纹皮黄色，前段色深；眼圈白色，眼后具一较细的黑色过眼纹；颊纹、耳羽边缘灰黑色；喉白而沾有栗色，两侧具黑色纹；上体主要为褐色，具深色纵纹；下体近白色，胸及两胁具有细碎的黑色纵纹；翼和尾黑褐色，具浅色羽缘，最外侧尾羽白色。喙为圆锥形，较为尖细，上嘴近黑色，下嘴灰褐色，脚肉褐色；雄鸟非繁殖羽及雌鸟羽色较为暗淡。

生态习性：除繁殖期间成对或单独活动外，其他季节多成几只至 10 多只的小群分散活动。栖息于低山、丘陵和山脚平原地带的灌丛、草地和小树丛中，农田、地边和旷野中的灌丛与树上。主要以草籽、种子、果实等植物性食物为食，也吃昆虫等动物性食物。

居 留 型：旅鸟。

地理分布：赤壁市内分布于各湿地周边灌丛、林地中。

繁 殖 期：6～7 月。

保护状况：被列入《有重要生态、科学、社会价值的陆生野生动物名录》。

稀有指数：★

鹀科 Emberizidae　鹀属 *Emberiza*

90　黄喉鹀 *Emberiza elegans*

形态特征：体长 13 ～ 16 厘米，具冠羽；头顶包括冠羽、头侧和胸部大斑均为黑色；眉纹、枕、颏和上喉辉黄色；背棕栗色具黑褐色纵纹；翅和尾暗褐色，最外侧两对尾羽有大块白斑；两胁具黑褐沾栗色条纹。

生态习性：繁殖期间单独或成对活动，非繁殖期间特别是迁徙期间多成 5 ～ 10 只的小群，有时亦见多达 20 多只的大群。栖息于低山丘陵地带的次生林、阔叶林、针阔叶混交林的林缘灌丛中。主要以昆虫为食。

居 留 型：冬候鸟。

地理分布：赤壁市内分布于各湿地周边灌丛、林地中。

繁 殖 期：5 ～ 7 月。

保护状况：被列入《有重要生态、科学、社会价值的陆生野生动物名录》。

稀有指数：★★

中文名索引

学名索引